普通高等学校工业设计&产品设计"十四五"规划教材

产品的语言

吕太锋 郭佩艳 ◎ 著

西南大学出版社
国家一级出版社 全国百佳图书出版单位

图书在版编目（CIP）数据

产品的语言 / 吕太锋，郭佩艳著 . — 重庆 ：西南
大学出版社，2023.7（2025.1 重印）
ISBN 978-7-5697-0963-6

Ⅰ . ①产… Ⅱ . ①吕… ②郭… Ⅲ . ①产品设计—研
究 Ⅳ . ① TB472

中国国家版本馆 CIP 数据核字（2023）第 049670 号

普通高等学校工业设计＆产品设计"十四五"规划教材

产品的语言
CHANPIN DE YUYAN

吕太锋 郭佩艳 著

选题策划：袁　理　龚明星
责任编辑：袁　理
责任校对：张　丽
装帧设计：穆旭龙
排　　版：黄金红

出版发行：西南大学出版社（原西南师范大学出版社）
地　　址：重庆市北碚区天生路 2 号
本社网址：http：//www.xdcbs.com
网上书店：https：//xnsfdxcbs.tmall.com

印　　刷：重庆恒昌印务有限公司
成品尺寸：210 mm×285 mm
印　　张：8
字　　数：239 千字
版　　次：2023 年 7 月第 1 版
印　　次：2025 年 1 月第 2 次印刷
书　　号：ISBN 978-7-5697-0963-6
定　　价：65.00 元

本书如有印装质量问题，请与我社市场营销部联系更换。
市场营销部电话：(023) 68868624 68253705

西南大学出版社美术分社欢迎赐稿。
美术分社电话：(023) 68254657

前言 +
FOREWORD

对学习设计的学生来说，从不同角度理解与分析人和产品的交流特性是产品设计中十分重要的能力，产品语言的学习能够帮助设计师实现产品和人之间更合理、更舒适的沟通，提高产品质量与用户体验。关于产品语言和语意方面的知识常常是令人琢磨不透、较难明白的，人们不知道怎样把它们运用到设计中去，因而更愿意把它归类成设计理论，因此，这些知识常常被悬挂在那里，使不少学生望而生畏。目前大家对产品语言和语意的理解常见的有两种：一种是从符号学的角度，先理解符号学的基本原理，然后去理解产品语言和语意，这种思考方式符合大多数人的思维习惯，使人们能够相对系统地认识符号学和语意学的特性，但是也很容易把它当成纯粹的设计理论来学习；另一种是从人类语言学的角度来理解产品语言和语意，先理解人类语言的语法构成、语言系统特征，然后理解产品语言和语意，这种理解具有类比性，对设计专业的学生而言，同样会让他们有些望而生畏。

因此，从学生更容易接受和理解的角度出发，用一种更为亲切的方式阐述产品语言和语意学的基本知识，并总结出一些产品语言设计的方法，对学生能够学以致用是非常有必要的。本教材在撰写过程中，努力发掘能够被学生理解的分析、归纳与总结产品语言和语意含义与设计的方法。如通过我们怎样去和产品"说话"、产品会不会和我们"说话"等视角来理解产品的语言和语意，又如通过对产品的气质和表情这样的视角来进行捕捉和分析，逐渐过渡和深入，使学生在不知不觉中理解产品的语言是怎样产生的，它在设计中发挥着怎样的作用。从气质和表情的角度出发会使问题变得更加通俗，更加具有亲和力，从而可提高学生的求知欲和学习兴趣。本书用了较多的对比手法来增强阅读的乐趣，如对现有产品进行形态修改，改变设计语言使其产生新的语意，让学生理解产品设计的每一个环节对产品语言和语意特征的影响。

本教材注重实用性，更多地讲述了设计方法的使用，如产品语言的指示性语意对人的操作和情感性语意对人的情感分别起到的引导作用，可促进人性化设计的发展。又如以对人不同感官的刺激之间互相影响而产生的联觉作为基础而进行产品语言和语意设计的方法，以寻找生活中的情感共鸣为出发点进行产品语言和语意设计的方法等，能够使学生在较短的时间内理解产品的语言在设计中的价值，寻找适合自己的设计突破口，可提高产品的品质感，这种品质感更多的是由人和产品亲切地交流产生的，而这里的亲切感则是由产品和人的共鸣产生的。

本书在介绍设计语言的原理与方法的同时还增加了一些操作指导环节，如实验的方法与内容，可辅助学生通过提高动手能力来更好地理解书中的内容。因此，作为教材，本书更具有实用价值。

目录

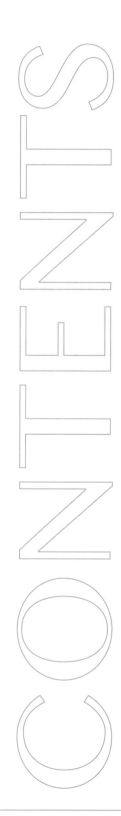

12

第 12 章 设计语言使用专题

1

从设计的角度理解产品语言

在通常情况下，语言来源于生命体，而对非生命体的"语言"研究则更多着力于人和产品之间的交流，这样的交流增进了设计师对产品的理解及消费者对产品的理解。

1.1 产品语言的产生

技术的迅猛发展产生了许多新的事物，改变着我们对世界的认知和原有的生活方式，然而新技术该以怎样的面貌呈现在人们的面前，怎样和人打交道成为问题的关键；同时，原有生活方式的改变，我们如何让新产品以自然的方式和我们交流、走进我们的生活逐渐成为设计的命题。设计以其多元的思维将人和周围的事物联系起来，不断探索他们之间的和谐性，努力让世界更好地和我们对话，愉快地交流与互动。设计语言致力于如何让产品和人更好地相处；产品怎样更好地表达自己，引导或者配合人的行为，从功能和情感两个方面与人"更好地相处"，更好地为人服务；产品在和人打交道的时候怎样"说话"：怎样"介绍自己"、怎样"与人聊天"、怎样"和人建立感情"。

因此，设计面临着这样的问题：技术怎样以有形的产物和人交流，人和技术的交流过程是否舒适。即技术的语言表达是什么，技术的语言表达方式需要怎样设计。如机器人逐渐走入我们的生活，这种以技术为主导的产品该怎样和我们打交道呢？它该怎样和我们介绍自己呢？它是我们喜欢的样子吗？它的行为举止会是我们喜欢的吗？……这些问题，都关系着机器人作为一个产品所提供的服务质量。而这些问题，我们可以从设计语言的角度进行研究，可以把"技术"当成一个陌生人。这个陌生人走近我们的时候怎样介绍自己，怎样引导我们去理解它、接触它，在和我们的互动中怎样的交流方式是我们所习惯和喜欢的，都是值得我们研究的问题。于是我们面临这样几个问题：当技术不再抽象，而是要落地成为产品的时候它该以怎样的形式存在？技术和人打交道的方式是我们喜欢的方式吗？现有的产品在和我们相处的过程中，能让我们感到自然舒适吗？

对于人类而言，辨别周围的人和事物的时候很容易发现哪些是具有亲和力的，哪些是相对有距离的，也就是人们通常说的"是否属于同一个世界"。就本质而言，人们是根据一定的文化习惯去判断周围的人和事物所呈现的文化特性是否是自己所熟悉和愿意接受的。即每一个产品承载着一种文化背景，这种文化背景通过产品进行了语言表达。如我们与人接触的时候更多地可以根据他的气质，说话的内容、方式，行为的特性等因素对一个人做出判断，如"这是一个善良而有修养的人"等。在这里，提供给我们进行判断的人的特征（他的气质，说话的内容、方式，行为的特性等）是其展现给我们的语言形式，包含有声的和无声的语言，这是一个人在我们面前所有的表达，这些表达构成了他的"语言"，尽管这些表达只是我们从自己的角度捕捉到的。

同样的道理，在面对产品的时候，我们也需要去捕捉产品的"表达"，产品的表达即它的语言，在这里我们可以发现，产品的语言只是从我们自己的角度去选择和理解的产品的那一部分"表达"。因此，表达是设计语言的核心，在设计过程中，如何运用设计语言合理地建立人与产品之间的沟通是十分关键的。（图1-1）

产品为什么会说话呢？其实是人赋予了产品"说话"的能力。当我们看到一个香水瓶的时候，我们可以从它的形态、色彩、质感，甚至所摆放的环境读出"端庄""优雅"来，我们可以理解为产品在展示它"端庄""优雅"的特征（图1-2）。但这种感觉本质上是

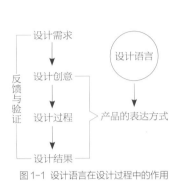

图 1-1 设计语言在设计过程中的作用

图 1-2 香水瓶

图 1-3 男女厕所标志

人的体验，是人根据自己的思维习惯，展开联想产生的一种结果。因此，会出现同一产品在不同的人面前"说"不同的话的现象，即展示着不同的语意。因为不同的人对其有不同的理解与情感体验。

产品语意有些是非常清晰的，如公共厕所的标牌（在此，我们暂时忽略标牌是产品，而标牌上的标志是否属于产品的问题）。这种标牌上的图案在"告诉"你具体内容的时候，"说话方式"是非常直白的："这是男厕所"或"这是女厕所"。这种直接的表达建立在人们对这类标识的语意达成共识的基础上，因为几乎不会有人将穿着裙子的标识形象理解为男厕所，至少在同一个文化范围内这样的现象较为少见。（图 1-3）

1.2 产品设计语言的应用价值

根据前面的分析，我们可以发现设计的语言和语意决定着我们对产品的识别，影响着我们对产品的体验，渗透着新技术的落地。也正是在产品设计过程中，设计语言不断丰富和变化着它的语意。

当汽车改成无人驾驶时，车内内饰的语言发生着改变。原有的汽车内饰会告诉我们：哪里是驾驶员的位置，是自动挡还是手动挡，哪里是乘客的位置。安全带会提醒我们注意保护自己。但是当汽车不需要驾驶的时候，内饰的语言表达就丰富了起来，它完全可以采用定制的方式，根据乘客的需求，可将其改成卧室、客厅，甚至工作室、餐厅。设计的语言构成元素发生了很多变化，这与一个人穿上工作服必须采用职业语言，必须按照工作中的行为习惯与人交流，而休闲时间则减少了很多约束的道理一样。

在无人驾驶汽车的内饰还未普及的时候，我们该怎样让它表达自己呢？我们该怎样组织它的设计语言，使之成为我们想要的样子呢？如对于家庭成员并不多的用户而言，我们可以说：我希望车里有一张床，它能够陪着我外出旅行，它是柔和的，不需要很大，但是要温馨，并且它是灵活的，不使用的时候是可以和车体分离的，使用时稳定地固定在车内。

　　我们可以发现，此时的内饰设计语言已经不再是人们习惯的驾驶室和后排座椅的组合，而是增加了很多室内设计的意味。新产品的产生，常常会使产品的概念发生变化，汽车内饰设计和室内设计的概念在这样的环境中呈现融合的状态。如图1-4、图1-5 volovo 设计的无人驾驶汽车概念设计就是对无人驾驶汽车设计语言的一种尝试，从另一个角度诠释了人们对未来汽车的向往。

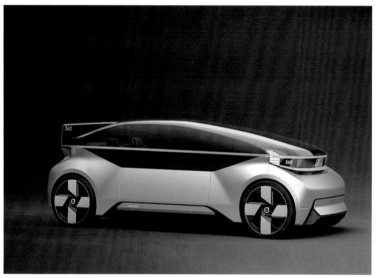

图1-4　volovo 无人驾驶汽车

图1-5　volovo 无人驾驶汽车内饰概念设计

在此，我们进行一个思考：送餐机器人逐渐走向实际应用中，它们的工作过程给顾客带来了不少新鲜感和愉悦感，对设计师而言，需要思考的是面对不同的送餐机器人（图1-6、图1-7），人在和它们打交道的时候，怎样可以在使用过程中更加方便，让货物放置与拿取更轻松，对视更容易；怎样的外观更具亲和力，看上去好打交道；怎样的工作方式更加符合顾客和餐厅工作人员的心理期待……尽管我们一时无法得到答案，但这样的意识是需要融入整个设计过程的。而这些判断都呈现在设计语言的运用上。

图 1-6　送餐机器人 1

图 1-7　送餐机器人 2

A. 外观是否是人们期待的感觉，如亲切与否或者是否有科技感等。

B. 取菜放菜是否轻松，即其肢体语言是否符合人的习惯，如与人的身高、人的习惯动作是否匹配等因素，如机身主体结构采用斜线状与竖直结构都能够对取放空间的大小产生影响，也能够对机体的稳定感带来影响。

C. 智能交流是否充分，是语音交流，还是屏幕点按与之交流。

D. 使用过程是否愉悦，如送餐过程是否伴有音乐。

当送餐机器人的创意开始产生，但还未进行设计的时候，人的脑子里是没有具体形象的，怎样设计它的外观和互动方式是需要认真琢磨的，即问题为：它长什么样子，它该怎么跟我们打交道，它该说什么话，怎样说话，它的肢体语言该是怎样的，它的气质该是怎样的等。我们甚至会讨论它更像人好一点，还是更像智能小车好一点。

产品通过自身的特征和人打交道的过程所呈现的和人的沟通方式称为设计语言，如美观度是让人产生视觉印象的沟通方式，而引导我们怎样和它打交道的形态与交互设计属于行为沟通语言，因此设计的语言在很大程度上是产品对自己的一种表达，以及和用户交流过程中对人的一种引导。从这些案例我们可以总结出："感性识别 + 行为交流 + 情感沟通"成为设计语言的关键，怎样设计产品的"表达语言"和"反馈语言"是设计语言的核心，而这两者常常是互为你我的，许多时候"反馈"本身也是另一种"表达"。

2

第 2 章
产品的表达

图 2-1 沙发 1   图 2-2 沙发 2   图 2-3 沙发 3

　　人在和产品交流的过程中，很多时候我们都是在产品语言的指导下完成的一系列行为。而这些行为常常是我们不自觉完成的。因此在对产品进行设计的时候，如何让产品说话是至关重要的，如何让产品以恰当的方式指导人的行为，是设计师需要格外关注的。

2.1 产品怎样表达自己

　　图 2-1 中沙发的左右扶手，大概较少有人坐上去或者往上放东西。而图 2-2 中沙发右边扶手，则会让人在不经意间想放水杯、手机等物品。同时会让许多人在不知不觉中想坐上去。在这里右扶手的平面仿佛在告诉你，这里有一个可以使用的平台，但并没有简单直接地告诉用户去放什么。它和人的交流过程是非常柔和的，但能够引导人完成一些图 2-1 中沙发较难发生的行为。

　　同样的原理，图 2-3 中沙发的后背也会引导人放置一些东西。

　　通过这些案例我们可以发现，"表达自己"在产品设计中是十分重要的，产品的设计语言，首先是一种表达性的语言，它需要"告诉"人们去做什么，怎样做。这仿佛是人和人的交流过程，人是怎样表达自己的意思的。比如我们从柜台式的格局中很容易感觉到，这是一种服务性的行为（如银行的接待大厅）在这里完成。而对于小型桌椅组合为单元的家具构成空间，我们则更容易理解为这是一种商谈的行为（如房地产的接待大厅）在这里完成。

　　同样的道理，我们可以发现在校园餐厅的餐桌较窄的情况下，人们通常不喜欢面对面坐下吃饭，除非是熟人，而当疫情期间的需要增加了透明隔墙的时候，虽然桌子很窄，但陌生人面对面坐在一起并不会觉得别扭。这是由于透明隔墙，仿佛在告诉人们每人一个座位。虽然隔墙是透明的，但仍然让人产生一种每个座位都是独立空间的感觉。

口罩正反面的色彩差异告诉我们哪面是正面，哪面是反面，同时，固定条告诉我们哪里是上部分，哪里是下部分。这些信息都在指导我们去完成一次正确的戴口罩动作。口罩在用色彩语言和形态语言"告诉"用户该怎么做。除非第一次使用口罩，否则大部分人都能够快速在口罩自身的指导下完成正确的佩戴方式。

以上案例都有共同的特点，产品在用自己的方式和人交流，告诉人一些信息，而这一切都是无声的，而人习惯了和它们打交道的方式，能够轻松地理解它们的意思。但并非产品一经诞生就能够和人进行充分的交流，这需要设计师有目的、有计划地进行产品的语言表达设计，才能让产品和我们交流起来毫不费力。

"表达"是产品必须完成的语言，而如何合理地表达产品是设计师需要完成的事情，表达本身是人和产品交流的开始。对于表达的艺术，即使人与人之间的表达也是一门较难掌握的学问，表达清晰得体并非一件很容易的事情，类比之下，如何让一个产品清晰得体地表达自己同样是非常难的一件事情，而这正是设计师需要花费很多精力去做的事情。

为了能让读者更为清晰地感受到"表达"的重要性及表达在产品设计中的角色，我们不妨使用"告诉"这一非常通俗的词来形容这里所说的设计表达性语言。从这样一个角度去理解产品的表达，即："产品告诉我们什么了，是怎样告诉我们的"。在现实中我们常遇到产品设计表达不清，让用户无所适从的现象，都是由于在设计语言的运用方面不太恰当造成的。

在表达方面，需要注意以下三点：一是明白要表达给谁，被表达者习惯的理解方式是什么；二是表达了什么，哪些是需要主要表达的内容；三是表达存在于和人的交流过程中，因此是动态的，许多时候产品与人的互动中产生的反馈会成为新的表达。

2.2 产品语言表达的合理性

人和人的交流中，不同文化群体的人有着不同的表达与理解方式，而同一文化群体的人相对有自己较为约定俗成和接近的表达方式。人和产品的交流同样具有类似的规律，因此在产品对人的表达过程中，需要兼顾产品和人的特性，合理表达。

○ 2.2.1 表达清晰准确，减少使用中的不知所措及误操作

我们在使用常用文字编辑软件编辑一些文字的时候，常常会出现页面下面大片空白却不知道怎样去除的情况，软件界面本身并没有"告诉"我们怎样操作才可以去除大片空白。对于输入法来说，我们常常并不清晰怎样的切换方式是能够一次顺利成功的，在中英文切换时需要操作好几次才能完成，这种像做实验似的操作体验在很大程度上增加了人的使用心理疲劳。许多时候我们用手机或者 Pad 进行办公的时候，处理的文档无法快速找到存储的位置。这些捉迷藏似的设计都是需要改进和提升的，原因在于它们不能和人进行很好的交流，这些都是由于产品（网络产品属于产品的类型之一）自身的设计语言表达不清晰，没有"告诉"或"引导"用户怎样操作而造成的障碍，然而当我们习惯这些的时候，会把它正常化，认为这是理所当然的。

图 2-4 凳子与梯子

在某些情况下，产品语意表达比较模糊反而是一种优势。如图 2-4 的两个家具的语意是模糊的，模糊到无法判定是凳子还是梯子，然而对产品本身而言，或者对用户而言，这并不是一个十分重要的问题，或者说这种含混的语意表达是故意留给了用户发挥的空间：愿意理解成梯子它便是梯子，愿意理解成凳子，那么它就是凳子。

○ 2.2.2 减少"不礼貌产品"，表达方式让人舒适

人与人在进行交流的时候，友好的表达方式除了表达清楚所要叙述的内容，还需要注重语调的柔和与语气、节奏，在人与人的交流中，我们总能遇到一些不礼貌的表达，而对于产品而言，不合适的表达方式同样会出现"不礼貌"现象，减少"不礼貌产品"的出现，我们需要注意设计语言的舒适性。不礼貌的产品在网络产品中我们总能遇到：进入某个页面后无法返回；无端地推送或者弹出我们不感兴趣的信息；背景音乐在我们没有心理准备的情况下突然响起等。这些方式的设计会让我们觉得不自在。

因此，在设计语言的运用中，我们可以把所要设计的产品当成用户的朋友，从发自内心地关心朋友的角度出发，提升产品设计语言的高质量表达。这犹如我们在和人聊天时，要关注对方的态度是否友好，聊天内容是否诚恳，聊天方式是否尊重他人。同时，产品的外观符合用户群的审美、符合当下的流行趋势等才能够提高产品语言表达的舒适性。

○ 2.2.3 表达符合人的习惯，说话"中听"

对于产品的使用而言，尤其是初次使用的产品，用户基本是处于一种"学习"怎么使用的状态，这里的学习过程、学习方式和产品的设计息息相关。良好的产品能够从用户的思维方式出发，"教"会用户怎样理解自己，使用自己。而设计不到位的产品常常会忽略用户的认知习惯，让人无所适从，或者奉上枯燥的说明书，让用户被动学习。因此，在进行产品设计的时候，需要考虑到用户已有的经验、知识、习惯等，符合用户原有习惯的设计才能为用户带来良好的体验。

譬如我们进行手机操作时，已经习惯了一些常用的手指操作方式，如滑动、长按、拖住移动等动作，而这些动作所要告诉用户的常常需要匹配用户的记忆。

Sketchbook 界面设计中的调节工具左右滑动、上下滑动、长按拖动等设计都能够让用户在自我摸索中快速掌握它的功能，这是由于该设计语言能够让你理解需要对它实施怎样的手指操作。（图2-5、图2-6）

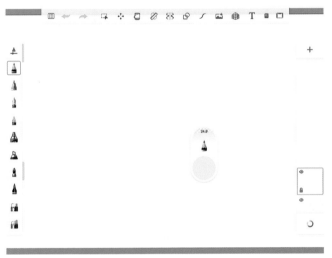

图 2-5 Sketchbook 界面设计

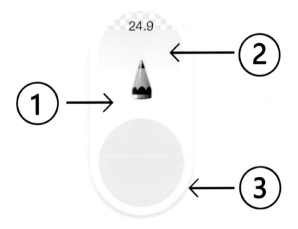

图 2-6 Sketchbook 图标设计

图 2-7 打印机的放纸和出纸形态语言

这个悬浮栏的设计相对较为清晰地表达了它的操作方式：

②处的按钮状"告诉"我们它可以点按及长按。

③处的阴影"告诉"我们它的可移动性，通过悬浮特性给用户以暗示。

①处其实也是可以长按移动的，长按能够移动整个悬浮栏，该功能使用频率并不高，因此，即使此处的设计语言与人们习惯的类似"按钮"的图形有所差异，也不影响人们的操作体验，同时能够兼顾设计的美观度。

如面对一台结构简单的打印机（图 2-7），我们能够轻松地捕捉到纸张放置的位置及打印稿出纸的位置，但是面对打印、复印和扫描一体机的时候，我们常常无法迅速确定纸张放置的位置，也无法迅速掌握不同功能的操作流程。这是由于结构简单的打印机带给我们的注意点常常是放纸和出纸两个环节，放纸、出纸的位置常常非常明显地进行了"语言"表达，但对于多功能一体打印机而言，由于功能较多而使其形态表达在一定程度上产生了难度，产品设计很容易出现让人不知如何操作的情况。因此，一些多功能一体打印机在设计时特意保留了放纸或者出纸位置的原有形态特征，以便让用户能够清晰地辨识它的使用方法。

○ 2.2.4 区分固定用户与非固定用户的交流语言

许多产品在第一次使用时，由于产品自身的表达不够丰富或者不够清晰造成交流困难，最常见的是不看说明书不知道怎样使用。而在第二、三次使用之后，这些障碍都逐渐消失，对这样的产品而言，"表达不丰富或者不够清晰"对用户的使用并不存在根本上的影响，顶多是降低一些"第一印象"。而公共场合的设施类产品，对许多人而言是初次使用的产品，这时产品的语言表达需要简单明了，以避免用户"反复琢磨"的现象。

家用产品由于用户基本稳定，因此在语意呈现方面和公共场所有所区别。

如家用跑步机的 HIIT 模式、燃脂模式、走步模式这几个界面功能信息。使用前我们对 HIIT 模式、燃脂模式、走步模式会产生一些困惑：这些模式是什么意思呢？比如燃脂模式，燃脂效果怎么计算？HIIT 模式对年龄有要求吗？而这些信息我们是不知道的。后面我们会逐渐知道这些模式的意思，但是仍然不知道它们起到的效果是怎样的，例如只是照做但能起到怎样的对等效果是无法直观感知到的。初次使用后，对这些模式的意思有一定的记忆，但很容易忘记，下次使用依然有些困惑。而多次使用后，对不同模式或者常用模式的速度变化规律我们已经了然于心，但仍然期待锻炼效果能够有更加直观的显示方式。

因此，在设计中，如何直观地告知用户这些模式的意思及对应的效果，甚至运动方法，是需要分析的问题，同时我们提到的需要被告知的信息，需要区分是短期还是长期的信息表达，从而采用不同的表达方式。

○ 2.2.5 设计语言不要忘记或者忽略人的逻辑需求关系

逻辑需求是我们在产品设计之初，进行市场定位和创意时较为重视的设计目标定位，但在设计语言的运用上，常常会不小心忽略它。我们在开始设计产品的时候，通常会调研用户的真正需求是什么，当把这些满足用户需求的产品功能组合在一起的时候，却忽视了它们怎样出场，怎样和人认识与沟通。比如一个"常用功能"大概就几项的 App，尽管有其他一些功能也是需要的，只是不那么常用，但在和这个 App 进行交流的时候，这些常用与不常用的功能如果缺少主次同时出现的话，会使人产生很大的心理疲劳。

因此，产品在和用户交流的时候需要将用户的需要进行逻辑分层，才能在整个交流过程中提高彼此的共鸣。

○ 2.2.6 通俗化表达

通俗化是表达方式中最为重要的环节，当人与人在进行交流的时候使用"同一种语言"尤为重要。产品语意设计一定要了解用户的习惯性语言，也就是用户的习惯理解方式，只有这样，在一定的语境下，产品才有可能和用户产生很好的沟通。这里的通俗化表达，本质上是建立在用户理解习惯基础上的表达方式，即和用户之间建立一种通俗的沟通渠道。如操作过程的步骤简化、降低专业感等都是用户交流设计时需要考虑的问题。如电视盒子的节目内容会设置"标准模式""长辈模式""儿童模式"，观众可以从不同模式中寻找更加通俗易懂的交流界面。

老年手机根据老年人的使用特征，进行了功能的减法处理，保留了主要功能，采用传统的硬键方式告诉用户"怎样轻松拨打手机号"。老年人看到有硬键的手机会更加亲切，因为硬键使用更加便捷，是一种更为通俗的交流语言。屏幕不大，但是屏幕显示文字很大，告诉用户："我可以让你看得更清楚。"

○ 2.2.7 使用轻松的交流语言

对用户的研究，使产品和人打交道的过程越来越轻松，这表现在产品使用过程的简单化上。

常见体重计，告知结果的方式具有"专门去测量"的意味，较为正式，而这类体重计常常被摆放在一个公共场所或者家中的一角或者一侧，需要人主动去测量。而放于门口式的体重计则告知我们，测量"顺便"进行的，这种方式相对较为轻松。同时，可以作为景观使用。同样的告知方式，门式体重计告知的过程更为柔和，因此更容易增加用户和产品的互动。

练习：选取那些使用中让你有一头雾水经历的产品（包含网络产品），指出该产品设计中的哪些信息导向是使你不明所以的。

第 3 章
产品语言与产品语意

3.1 产品语言和产品语意的关系

我们可以发现，产品语意的本质是产品语言所表达的含义，它可以是明确的、指示性的，也可以是饱含隐喻特征的；可以是象征作用的，也可以是为了造成模糊的联想而设计的。大多的时候，它的产生是出于人们在特定的文化背景下的主观感受所做出的联想思维。

如何赋予产品以语言，如何让它们清晰地表达自己的意思，和人充分地交流，甚至"说"出人们爱听的"话"，拥有人们更喜欢的"神态"和"气质"，抑或表达出某种象征或人们的某种心愿，是我们设计过程中应不断调整和推敲的，这其中涉及消费者的消费心理。产品的语言与消费者的消费心理产生共鸣，即产生"共同语言"，才容易实现设计的价值。如此，消费者才容易捕捉到产品语言所要表达的意思，而共鸣是产品语意得以传达的关键。（图 3-1）

设计的语言绝不是为了迎合消费者的心理期待，它需要上升到人文关怀与社会责任感等层面，也需要呈现和传达某种文化体系下的哲学观念。如公共洗手池的设计，许多场合都采用了高低尺寸，以满足不同身高与年龄的人的使用需求（图 3-2）。同样的道理，露天太阳能饮水机设计了高低两种类型，充分体现了对儿童和身形较矮的人的人文关怀，这样的设计语言从一开始就透露着体贴（图 3-3）。如一个淡雅的茶杯可以告诉我们喝茶的状态和处事心态，一把没有棱角的椅子同样能够让我们感觉到它的"温柔"（图 3-4）。因此，产品的语言在一个环境中形成的产品群共同营造的语言氛围可以形成一种通过意会进行"言传"的哲学，语意也就随之产生了。

图 3-1 钟表设计

图 3-2 洗手池

图 3-3 青岛世园会中的露天太阳能饮水机

图 3-4 椅子

究其本源，产品的语言是以一种符号的形式传达着某种信息，这些信息在不同层面和人起着沟通的作用。在学习产品语意学的过程中需要从符号的构成与传播特性，以及符号含义的不同层面进行分析，理解产品语意学在设计中的作用，并通过产品的语意进行产品设计。在这里，我们需要注意的是产品的语言依赖于人们的解读，对人们解读习惯的分析与理解是产品语意研究过程必须关注的。

3.2 产品语言和语意设计的学习目的

正如我们和人打交道要听懂他们的语言一样，和产品打交道也需要理解它们的语言，尽管这里的语言是无声的，是根据人们的理解而转移并反馈到人们的意识中的。作为设计师，需要很好地理解产品的语言，继而在产品设计的过程中，让产品做到"说话"得体，语意清晰合适。这是需要逐步锻炼揣摩才可以掌握的技能，就好像在人际交往中我们必须熟悉人们交往的方式才知道怎样和人交流一样，我们需要了解人的生活，理解人和产品的关系，继而才可以寻找产品的语言方式、语意表达。在面对我们不熟悉的产品时，我们常常无所适从，因为我们不知道怎样和它进行沟通。如果该产品具备和我们沟通的方式和渠道，我们就容易被打动，且更容易和我们建立关系。

当我们面对一个木方体的时候会感到无所适从，我们不知道它是不是一个产品，也不知道该怎样与它进行交流（图 3-5）。直到我们在它的右侧发现一个按钮，我们仿佛才知道怎样和它交流，也才敢肯定它是一个产品。在这里，一个小小的按钮成了它"说话"的方式，它告诉我们可以按下它，继而了解它，在此给我们了它是开关的语意（图 3-6）。倘若我们把按键设计在底部，则人们寻找它的时间会变长，同时会因为按键的位置而让我们感到这是一个很难"接触的家伙"，会影响人们和它交流的情绪，也就是它"说"了不恰当的语言，因而表达了"难缠"的语意。

图 3-5 钟表设计 1

图 3-6 钟表设计 2

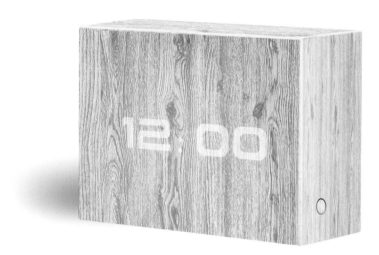

图 3-7 钟表设计 3

当我们按下按钮后，前面出现了时间我们才知道这原来是一个钟表，因此按钮给我们传递的"开关"的语意就很明确了。（图 3-7）

因此，我们可以发现产品的语意在传达的过程中在不断地和人沟通。在设计产品时我们需要时刻关注产品是怎样"说话"的，以怎样的方式才能亲切、清晰地表达自己的意思，以及以怎样的表达方式才能塑造自己的形象。这样一个钟表，采用了非常简约的形式和非常纯朴且时尚的木质表面，同时将科技元素渗透在了木质中，形成了自然与科技的对比，这样的视觉语言让我们感受到了它的优雅和清爽。

木头钟表

思考题：

1. 产品需要表达自己吗？它是怎样表达自己的？

2. 为什么产品面对不同的人所表达的语言是不同的？

3. 产品的哲学语言是通过怎样的方式体现的？

4

第 4 章
产品语言的不同形式

产品在和人的交流过程中，常常以不同的语言和人进行着"沟通"，沟通方式和人的需求有关，当设计师明白了这一规律后再进行产品设计时才具针对性。

人和人的交流常常是采用有声语言为主。在当下网络迅猛发展的时代，文字交流逐渐变成了主要的交流方式。由于受到文字交流缺乏音调与表情，以及打字费力等影响，继而出现了微信语音及视频电话等综合进行的交流方式。逐渐普及的智能产品中，有声语言逐渐成为发展趋势，不管产品采取怎样的交流方式，都存在表达与反馈环节，都是以人的各种需求为基础的交流语言设计的。

4.1 命令与引导型语言

在人与人交流过程中，命令与引导型语言多为："请排队入场"，这类设计常常具有秩序性要求、必须性要求等特征。如小区、车站等环境中许多入口或者出口的转门都有一人一次的秩序要求，这类设计通过产品自身的秩序特征很清晰地"告诉"了用户它的使用特性。命令型语言常常用于有安全、卫生、秩序等设计需求的场合。如图 4-1、图 4-2 取勺子的装置，很清晰地表达了"必须按照顺序"取勺子，并且只能握住勺子的把手，以保证勺子的卫生。它们虽然是完全不同类型的产品，但有着非常相似的语意表达："请按顺序来"。

命令型语言具有强制性，即要求人们必须按照产品语言所指示的方式进行活动。

命令与引导型语言常用的表现形式为：文字、形态制约。

对于文字而言，我们可以看到许多文字提示，其语言形式均为命令式："休息区请保持安静""请从该通道进入""从虚线处剪开"等。

我们所处的环境中许多事物所表达的语言已经很清晰，当我们别无选择的时候基本以命令与引导型语言呈现在人们的面前。如单开门设计是命令与引导型语言，因为我们只能从那扇门进出，但双开门似乎为人们提供了一种多选择的模式，可以打开其中一扇门作为通道。在这里双开门则兼具命令与引导型语言的特征和服务型语言的特征。

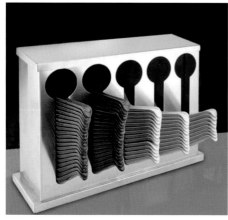
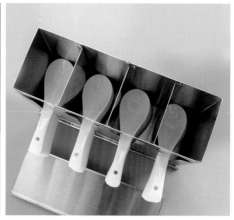

图 4-1 勺子存放盒 1　　　　　　　　图 4-2 勺子存放盒 2

命令与引导型语言的优势是形成了一定的行为规范与秩序，规范与秩序是人们日常工作与生活中不可或缺的。同时，秩序能够形成一定的设计与使用规范，可减少用户的使用麻烦。如许多博物馆内的展厅动线（观众的移动路线）设计都是采用从入口沿单一路线转到出口，或者出口和入口是同一个，进去后沿着单一路线环绕一周进行参观，中间不设计岔路，从而减少了观者对"哪些是已经参观完毕和哪些还未参观"进行思考带来的精力耗费，使观者更加有序，不容易出现人流混乱的局面。

4.2 提示型语言

提示型语言的使用是非常普遍的，它常常以一种看似可有可无，但实际能在不知不觉中对用户的行为起到指导作用。衣领处的标签尽管经常会摩擦皮肤，但是在很多情况下它可以提醒人们衣服的前后，尤其是秋衣、秋裤、T 恤等从款式上前后区分并不明显的服装。由于缝制标签材料与位置的关系，如后颈处的标签，会使人的皮肤产生不舒服的感受，因此许多商家将原来的缝制标签改为了印刷 LOGO 的形式，与服装本身融为一体。

提示型语言的特点之一是能够尽量不占用用户的太多精力。它以"提醒"而不是"警告"的方式与用户进行沟通，如果用户对该问题已经明晰，则可以忽略这种提醒。

提示型语言有着非常柔和的表达方式，它不会那么犀利，但很容易引起人的注意或者符合人的使用习惯。如有边界弧度的手机在使用一定时间后会很自然地提醒人们去滑动边界的倒角去操作屏幕的内容，而在使用之初也许是被弧度形态引导着去摸索它的功能的。

又如打开一个网页，哪些是我们可以点进去的，哪些是我们不可以点进去的链接，都很微妙地进行着提示，用户在不经意间寻找着自己想找寻的信息。如百度搜索"工业设计"，在出现的主页中，我们可以发现，可以点进的超链接使用了下画线或蓝色字、红色字进行提示（图 4-3）。下画线和字体颜色的提示方式常常与用户不经意间形成的习惯性判断有关。在这类案例中，提示型语言结合了暗示设计和无意识设计的共同原理。在某些情况下，没有下画线和蓝色字、红色字的提示，用户也能自然地判断出哪些是超链接，这实则和该网页的环境，也就是该设计语言所处的"语境"有关。用户能够毫不费力地根据语境判断出哪些是自己可以点开的，哪些是自己不能够点开的。

工业设计(专业术语) - 百度百科

工业设计（Industrial Design），简称ID。指以工学、美学、经济学为基础对工业产品进行设计。工业设计分为产品设计、环境设计、传播设计、设计管理4类；包括造型设计、机械设计、服装设计、环境规划、室内设计、UI设计、平面设计、包装设计、广告设计、展示设...
学术概念　历史沿革　名词解释　发展　发展趋势　更多 >
baike.baidu.com/

图 4-3 网页设计中超链接的提示语言

4.3 命令与引导型语言和提示型语言的交融

这两种设计语言常常没有明显的界线，是共同为人服务的。提示型语言是在命令与引导型语言的基础上的一个提升，能带给用户更为舒适的体验。如研讨型教室的桌子常常不是并排放的，而是以组为单位呈现的，因此家具的主要特性为单体家具的可组合性、椅子的可移动性等。而相比传统的教室一排排摆放家具的格局，研讨型教室则"规定"了人的行为：由原来的"并排坐"改为了"面对面坐"。由于家具的形态与格局，用户不得不根据家具的特征安排自己坐的方向和活动，这是命令与引导型语言的作用。家具不同的摆放方式产生着相应的提示型语言：当学生进入研讨型教室后，家具的摆放方式仿佛在告诉学生，在这里上课是需要讨论的，进而引导学生尽快进入"随时都有可能进行课堂讨论"的学习状态。因此，室内的家具语言，使学生的行为在"规定"和"提醒"中发生了变化。学生的学习方式也发生了变革，学生由原来的听课为主，逐渐演变为"参与课堂"。

4.4 交互型语言

交互型语言是表达与反馈的反复融合。当我们按下按钮，就会有提示音或者提示灯，如儿童绘画的 App 就会在你每完成一步后就会对你进行一次鼓励并为你提出新的动作指导。交互型语言的侧重点是在于使用的过程呈现着动态的特征，它是对用户使用过程的一种设计。手机的运动类软件能够很好地对我们的运动状况进行及时反馈，如跑步软件能够清晰地告诉我们跑了多少公里、时速是多少等。而更多的软件会把参与活动的同伴的数据进行对比性提供，用户就能够在与同伴的比较中提高参与度。

在实体类产品或者环境设计中，交互型语言常常以反馈语言为基础进行各种尝试性设计，如踩到某些区域就会引起喷泉喷水的玩水景观设计，蹬起自行车就能带动洗衣机转动的产品等。他们都试图将和人的交流建立在"过程"中，所使用的设计语言更多的是指示性语言和反馈性语言的结合。如交互式喷泉设计中，脚踩的位置需要一定的形态或者材质"提示"或者更加直接地"告诉"人们那个位置是可以踩上去的，而踩上去之后的喷泉作为一种反馈性语言的出现提高了游客的参与热情。如图 4-4 所示的灯能够根据人和它之间的距离进行光强度的自动调节，即使是起夜这样的生活细节也让人感到贴心和温暖。

图 4-4 距离感应小夜灯

在交互型的设计语言中，常常需要把设计的重心放在反馈方面：即怎样的反馈能提高用户的美好体验。如喷泉在产生的过程中，其高度和踩的力度有关还是和踩的速度有关；喷泉喷出的过程是否需要音乐或者其他模拟某种特效的声音等都是设计语言的灵活运用。

随着技术的发展，产品和人的互动性增强，交互型语言显得尤为重要，交互型语言在产品设计中类似"来，一起玩！""动一下试试，看看会出现什么？""按一下，奇迹就出现了！"这样的话语，充分调动了人的使用欲望，激发了人的使用情绪，从而增强了产品的互动效果。

交互型语言不仅仅在触屏环境中被使用，在儿童玩具与科技互动类产品中的使用也是非常普遍的，甚至在非智能的常用产品中也是需要这种设计语言的，即使简单的结构也可以实现一些互动，如图 4-5、图 4-6 中所示的两种结构分别实现了手摇手柄和构件插接两种调节桌子高度的方式。

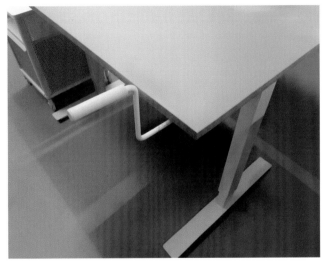

图 4-5 高度调节桌 1

图 4-6 高度调节桌 2

WPS 快速找到
文件位置设计

图 4-7 WPS 右键"打开所在位置"

4.5 服务型语言

服务型语言常常会从用户的需求出发，给用户提供一些可选择项，但这种可选择项需要以舒适的方式"告诉"用户。

如手机摄影，我们既可以选择按一个键就呈现背景有所虚化的人像模式，也可以选择通过调整光圈大小的方式来实现背景虚化。一键完成和手动操作之间建立了一种合作关系提供给用户，这样的可选择模式传递给用户的语言是温柔的，它仿佛一个产品服务员："请问您喜欢哪种拍摄模式？如果喜欢自动拍摄，请您选择"人像"模式。如果您喜欢自己调整，感受拍摄中不同参数差异带来的乐趣，请您选择'大光圈'模式。"

再如在 WPS 的文件设置中，当右键单击文件上方的名字位置时，显示的信息中有"打开所在位置"的功能，这一功能相比旧版本减少了用户的操作疲劳（图 4-7）。因此，服务型语言的设计常常从用户的需求开始，如卡诺模型和马斯洛需求层次金字塔就给了我们很多启发，让我们从用户需求的角度进行语言设计。

○ 4.5.1 附加型服务

附加型服务就犹如我们和问路的人说话时，告诉路人所要去的地方的同时可以顺便介绍一下那里的特征，因为也许该路人并不知道他所要寻找的地点并非他实际想要去的地方。譬如有人晚上 10 点问某路公交车的站点，我们可以告诉他该站点的位置，同时可以补充一下晚上 10 点该路车已经结束了。

图 4-8　对分易的不同下载方式

曾经的包装盒只会关注包装的完整性，保证物品的完好无损，后来随着设计理念的改进，逐渐将关注点延伸到用户在使用该包装时如何更轻松地将其打开，以及拿到包装盒后方便携带。如在快递箱的某个角设计空洞以方便手拎；在铝箔纸盒子的边缘设计锯齿方便用户对其进行裁剪。又如，在电视盒子的节目播放界面中，银河奇异果为观众看剧时提供演员信息的设计，只要按照提示操作，就能随时看到正在播放的电视剧画面中角色扮演者的基本信息。

○ 4.5.2　选择性服务

选择性服务是为满足不同习惯的用户在面对一个问题时提供不同的操作方式，这种选择是出于对用户的一种尊重。

对分易在成绩输入环节给用户提供了两种方式：一是在得分处进行输入；二是在打开"进入批改"中进行输入（图 4-8）。前者的做法是把所有学生的作业下载后，在电脑里打开学生作业，批分后直接进行输入。后者是在线审阅学生作业，在旁边输入分数。这两种方式各有特点，用户可以根据自己的习惯进行选择。这样的设计仿佛带朋友一起吃饭时，告诉朋友，左边是快餐，右边是点菜，选哪个都可以。

4.6 反馈式语言

反馈式语言更多地出现在交互型语言设计中，之所以把它单独挑选出来进行讨论，是因为反馈式语言常常可动态地变换自己的角色，前一刻可作为反馈语言，下一刻就可能成为表达语言。

　　反馈在人与人、人与物的交流中十分重要。人与人的交流中很关键的因素在于对方的反馈是自己期待的。我们开一句玩笑，能懂的人或哈哈大笑，或幽默回应；而不懂的人或面无表情，或正式接话，聊天的舒适感与默契度不言而喻。我们的一个眼神、一个动作都是一种反馈。反馈和表达常常是无法分开的，二者在某些时候反馈即表达，表达即反馈，存在于人与人、人与物的互动中。产品的反馈语言直接关系到人和它的交流过程，它无时无刻不和人发生着关系。这种关系类似于我们往杯子里倒水会听到水下落的声音，打开电视机会有画面出现一样普遍，是伴随着我们和产品之间的整个交流过程。

　　设计师往往并不缺乏对产品反馈设计的意识，而比较难的是反馈的方式是否是用户想要的。当我们在手机上提交一些材料的时候，常常点选"提交"后，需要一些反馈，如呈现"提交完成"，或者是提交后按键由绿变灰等。这些都是给予结果反馈的语言表达方式，告诉我们提交成功了，但是仍然会有许多用户担心自己是否真的成功提交了，想再次核对。对于一些 App 来说，当第二次点击提交时，仍然会弹出提示："您已经提交，无须再次提交"；而对于很多网络产品来说，再次点击时，其反馈方面并未进行这样的设计。

　　在反馈方面，人们从视觉、触觉、听觉都做了很多努力。视觉与听觉反馈是最为常见的，闪烁的灯光、音乐提示、文字提示、形态的改变等都能够为视觉与听觉反馈做出贡献。触觉反馈对产品的语意质量有很大的影响，如我们在购买家具时会触摸它，手机屏幕的触感也是设计师在不断探索的问题，甚至手机贴膜的触感也是一个重要的使用体验，即使是图标这样一个仅仅存在于界面中的设计也常常从视触觉的角度进行着反馈式语言的设计。

第 5 章
产品语言的符号特性

5.1 认识符号

提到符号，在通常情况下大多数人会本能地认为是图形符号。从本质上讲图形符号只是符号的一种形式。我们其实生活在一个符号的世界中，如果试问对某个人的印象，我们能够描述他的五官、身材，甚至衣服，也能够描绘他的性格、爱好……这些都是他留给我们的印象。这些印象是由一个个符号系统共同构成的，它们传递着对这个人的描述信息。在这些符号系统的传播过程中，描述者通常会根据自己的主观思维对这些符号进行筛选和诠释。由此我们可以发现，当我们把印象理解为符号表现的形式之一时，就不会仅仅把符号理解为图形那么简单了。符号可以传递较为形象的信息，如神态、表情，甚至五官等，也可以传达较为抽象的信息，如活泼、温柔、善解人意、乐观等。（图5-1、图5-2）

5.2 从符号的角度理解产品语言和语意

我们对人的判断方式如此，对产品的判断方式也有许多类似的地方，这些都是符号在信息传递过程实现的，因此我们要从符号的角度去理解产品的语言和语意。

图 5-1 鸟的形态仿生设计

图 5-2 小度智能音箱

现代符号学是"有关符号或者符号系统的科学，它研究符号的本质、符号的发展规律、符号的意指作用，以及符号与人类各种活动的关系等"。瑞士语言学家索绪尔将符号分解为能指和所指，即指称物和被指称物。对于设计而言，能指是"在视觉语言中，造型、色彩、肌理或构成视觉图形的点、线、面符号等"，所指是"指符号所承载的意义"。因此，设计师利用各种可能的手段创造着视觉内容，这些内容可以是图形，可以是物品与建筑空间，甚至可以是光效所构成的虚空间。当我们看到这些图形、物品、建筑空间之后，对其产生的理解，即这些符号的所指。

○ 5.2.1　符号的外延与内涵

在符号学理论中人们习惯用外延与内涵来描述符号的表意过程。正是通过这一过程确立了符号中能指与所指的结构关系，外延可视为意指系统的表达部分，内涵是意指系统的内容层面。

在具体的产品设计中，外延常常是产品表现出来的物理属性，如色彩、形态、质感、功能、体积等，根据外延层面，我们能够感知产品的类别、用途及基本的特征，它是一种相对稳定的表现。虽然每个人对产品的外延层面的理解有所差异，但是共性相对较多。如我们面对一张桌子的时候，几乎所有人都认可看到桌面和桌腿便将其理解为一张桌子，也许人们会坐在上面，但是较少有人会把它看成凳子。除非是一个宽度和高度比例都近乎的形态，但这样形态的产品在外延层面的表意也是模糊的，我们暂时还不能把它称为桌子。

图 5-3 中因为盘子和碗的高度不同产生的语意不同，比例成为能够识别它们属性的外延特性，当然，也会存在介于盘子和碗之间的形态而因此产生语意的模糊。

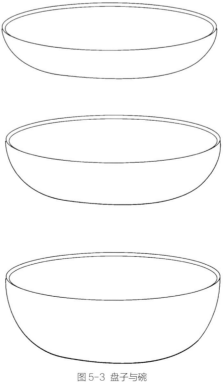

盘子—碗

图 5-3　盘子与碗

图 5-4 苹果产品 LOGO

内涵则诠释了人们对一个物品的不同理解。同一个物品，除了具有基本的物理属性外，它传递给人的符号信息还包含了与个人情感、联想、意识形态及社会文化背景等不能直接表现的潜在关系，这些元素往往与解读者的社会地位、年龄、性别、种族、受教育程度、生活方式等密切相关。这一点我们都是有所体会的：当我们购买一件物品的时候，除了基本的使用功能外，我们总会在不知不觉中对产品有所诠释："很可爱""符合自己的年龄段""不张扬也不俗气"……

我们可以发现每个人对符号的理解是不同的，即同一个能指具有多个所指。这对设计师而言形成了一种挑战，设计师不仅需要了解不同的符号元素互相作用后产生的内涵，还需要思考符号的语意经过某种媒介传播到消费者那里后，他们会产生的理解，因此设计师在"操控"符号进行信息传递的时候离不开符号的传播效果。

○ 5.2.2 符号的传播特性

符号具有信息发出和信息接收，以及在怎样的情况下发出和接收的功能。

对设计而言，其涉及两个问题：一是设计师希望塑造的产品特质信息和消费者接收到的信息是否相同或者相近，二是怎样才能使产品发出的信息容易被消费者理解。如第一章所叙述，产品的语言是由设计师塑造，同时由消费者根据自己的主观感受和意愿共同构成的。产品的语意可以通过产品的设计语言降低消费者对产品特性的理解难度。

1.我们需要思考一个问题：设计师在塑造产品形态和功能的时候期望表达的意思，消费者是如何理解的

如在 LOGO 的设计过程中，许多设计师非常注重图形元素所表达的含义，并且非常希望能够把这些含义讲解给他人听，但他们忽视了 LOGO 是图形语言，它在使用过程中，我们常常是没有机会进行讲解的，设计师期待图形或者图形元素所要表达的含义是否能够被消费者或者是观者（信息接收者）理解便是设计的关键。一个饱含美好含义的 LOGO 如果较难被看到它的人所理解，那么这个LOGO 所承载的有效信息是非常少的。因此，设计师在进行设计的过程中需要随时观察分析自己所运用的符号特性是否能够被消费者所理解。

苹果的标志因为被咬掉一口，打破了我们对苹果记忆中的常见图形，突破了思维定势，传达给消费者的信息自然是富有创意的，与苹果公司的理念非常吻合，因此是一个非常成功的案例。(图5-4)

图 5-5 SKG 榨汁机

图 5-6 惠人榨汁机

图 5-7 打招呼手势

在符号学传播理论中，人们用编码与解码来分析这样的问题：设计师通过符号元素的组合等构成手段形成一个视觉系统，这个视觉系统即是一个编码，即视觉语言信息，该信息被消费者进行识别后，用他们习惯的方式对其进行理解，这个理解过程就是一个解码过程，经过消费者诠释后获取的信息就形成了解码。编码和解码的一致程度常常可以看出设计语言的有效程度。

如我们设计一台榨汁机，希望它透露出可爱、好用、高品质的信息，设计师会从色彩、造型、材质等方面加以思考，希望塑造出一个使消费者容易产生共鸣的设计，这便是一个编码过程。当设计完成的榨汁机放在超市货架进行出售的时候，消费者挑选货物的同时会通过自己的思维习惯去理解其是否可爱，是否给人易用的感觉，是否具有档次感。（图 5-5、图 5-6）

在这里我们需要了解符号的传播过程。符号的传播过程是这样的：一个信息发出，经过媒介被接收者进行翻译和理解。这个看似简单的过程其实包含许多内容，如信息的发出者、发出信息的方式、发出信息的内容和数量、信息发出的环境、信息传播过程的环境、信息接收者特征、信息接收者对信息的理解等许多因素。而每一个环节对信息产生与实现的价值都十分重要。

图 5-7 中同一个手势在见面的时候我们都可以理解为"你好"，而在分别的时候我们都可以理解为"再见"。这是由于不同的环境下人们根据习惯性肢体语言的语意做出的判断。

2. 通过符号的传播过程我们可以发现几个至关重要的环节

（1）编码的设计

和设计效果直接相关的是我们如何去进行编码。编码是设计的最初阶段，由于设计不同于艺术创作，它更多的是一种促进交流的手段，不管是促进人与环境的交流，还是促进人和产品的交流，抑或促进人与人之间的交流，设计在这些目的性较强的活动中需要合理进行编码的处理才能够起到相应的作用。

需要解释的是符号学所说的编码，很容易被初次接触符号学的读者理解为"数字代码"之类的程序，而影响对符号学的理解，"编码"在此只是一个学术词汇，其真正的含义是设计者通过设计语言呈现给用户的沟通方式。随着技术的发展，人和产品的互动变得更加容易，而整个互动过程人和产品之间发出的信息都以符号的方式呈现，设计者在设计产品的同时，更加注重人和产品互动过程中所使用的符号的可理解性及表达方式的舒适性。因此，如何设计编码越来越受到人们的重视。尤其是众多新产品的到来，它们该以怎样的方式和人"沟通"，为它设计怎样的沟通符号成为人们思考的重点。

空气净化器是随着空气质量的下降应运而生的产品，然而在净化器开始被使用的时候，由于大多数人之前对空气净化器并没有任何的印象，这给空气净化器的语意设计提供了较大空间，但同时也给人们对空气净化器进行识别和产生亲和力带来一定影响。人们能够根据进风口和出风口来判断它是空气净化器，而对其情感解读则有些无所适从。（图5-8）

因此，有些编码和人们记忆中已经存在的解读方式相对吻合，很容易根据经验进行理解；有些新产品和用户在沟通过程使用的编码是难以被用户理解的，初次使用需要讲解说明，逐渐在用户心中形成印象之后便可成为约定俗成的编码为设计师所使用。

如部分手机的截屏方式除了下拉菜单寻找截屏指令外，还可以用"指关节敲击"来完成。尽管目前人们对该操作已经形成习惯，但该设计诞生之初，对于第一次使用这种方式的用户来说是需要讲解说明的。而有了这样的使用经验后，"指关节敲击"这个动作在"手机使用"这个语境下就会成为截屏的符号。设计者在此用"指关节敲击"动作作为编码来告诉用户如何进行截屏，习惯这种截屏体验的用户之后即使换作使用其他手机也会尝试用这种方式进行截屏。

（2）影响解码的人的因素

由于每个人从小成长的环境、目前所处的环境、思维习惯、知识体系的不同使人们对事物的理解也存在着极大的偏差。如此看来，符号的解码变得非常不一致，这是否表明解码就失去了可实现性呢？根据人类性格分析判断，人类虽然在思维模式、性格因子中存在着巨大的差异，但是保存有较多的共性，这些共性和人的成长环境、目前所处环境等有着较大的关系。同一个社交圈的人或者同一类职业的人在对符号的理解上会有较多相似性，因此更容易产生对语意理解的共鸣。如同一类职业的人在着装上常常具有类似的喜好（非职业装）。因此，当我们设计一个产品对其进行编码时，需要了解对产品有所期待的消费者的解码特征，也就是市场调查方面消费心理的重要性。如宜家赋予产品的简约、实用、有品位并且不算太贵的符号特征紧紧抓住了年轻一代的心。因为"简约""实用""品位""不贵"是他们渴望拥有的符号体验。（图5-9）

设计一个产品，设计师需要从不同的角度进行语境的调查和探索。就购买的环节而言，设计师需要去调查与模拟，甚至介入购物环境去发现、总结消费者的消费习惯，如消费者购买洗衣机时的环境、需求、目的、心态等，都直接关系到洗衣机的形态定位。因为洗衣机所具有的形态语言和大多数消费者所习惯的产品的语言越相似，越容易产生共鸣，便越容易打动消费者。就使用的环节而言，需要了解产品是否符合使用者的审美习惯、使用习惯等。

（3）影响有效符号信息传播的环境因素

我们都有这样的体验，当一个物品在不同的环境下出现的时候，它呈现的是不同的体验。一件地摊商品摆在大超市的货架上的时候你也许不会感觉到它的廉价，反之一件名牌衣服摆在地摊上卖的话也不会有多少人能够一下觉得它有多么高档。这种情况下，环境所代表的符号系统语言映射在这个环境中的每一件物品上，因为物品已经具有该环境所具有的语言特性，因此这种环境我们称为语境。语境是一个不可忽视的因素。正如我们讲故事需要呈现什么人在什么地方、什么情形下和什么人发生了什么故事一样，产品也不会凭空产生，它需要有一个语境作为存在的基础。因此在产品设计之初，我们需要尽可能地去设想它可能出现的环境具有哪些特征。

图 5-8 空气净化器

图 5-9 宜家家居

图 5-10 手电钻（色彩纯度高）

图 5-11 手电钻（色彩纯度低）

如一个手电钻，与其他产品一起放在超市货架上和放在专门的电动工具专卖店里给人的专业性感觉是不同的。

同样，手电钻的色彩带给人的专业性感受也是不同的，如纯度不太高的深色机身容易让人联想到操作者的沉稳、冷静和经验丰富的特征，以及车间和机械类产品常见的色彩，更容易被使用者习惯性接受。（图 5-10、图 5-11）

同时，可以发现色彩纯度高的手电钻没有纯度低的手电钻让人感到牢固、耐用。这是由于手电钻带给人的是一种使用场景的体验，场景里包含使用者、使用环境及使用时间等，这些因素的符号特征是一个小的符号群，符号群是一个系统，系统中的每个元素都承担着自身的协调作用。倘若出现某一个元素似乎不应该出现在这里的感觉时，即该元素与其他元素在一起会显得有些突兀，和谐性就会被打破。

（4）时间因素

人在不同的时期或者时间内对事物与信息的理解是不同的。同一个设计也许半年前被解读为时尚，而半年后则可能被解读为俗套。时代命题的不同会引导人对事物的理解也不同，也许一段时间在倡导环保，另一个时间段里则更强调关怀，社会在不同的时间段里呈现不同的氛围的时候会影响人们对信息的理解。时间因素常常和空间，以及人的性格、心情等共同作用来实现信息的传播。

3. 编码与解码之间的误差

通常情况下，由于人们思维方式的不同与符号传播途径的多样化，符号在发出者和接收者之间会存在一定的理解偏差，这种偏差是正常的，但对设计而言设计师需要把这种偏差尽可能地缩小在误差范围之内。这里的误差范围常常是相对的，因为现实情况的复杂性，我们无法合理界定误差范围的大小，只能实现大部分人对符号语意的理解达成一致。如 QQ 基本表情中，基本没有太多人会把 😂 这个图标理解成别的意思，因为这是非常明显的指示性语意，是在社交文化体系中几乎所有人对该手势的理解的基础上产生的。而 😶 的语意大概在不同的人那里就会有不同的意思。因为这个图标的解码在不同人那里未必是设计师想要表达的语意。由于接收者在文化程度、年龄差异、地域文化习惯等各方面存在差异，因此对它的解读也会存在差异。同时，同一使用者在不同心情下对它的理解也是不同的。然而对一个图标来说，也许不同的解读不影响它的使用，只要是聊天双方对该图标的理解接近就能够起到很好的交流作用。另外，当两个人聊天时，编码的来源会发生一定的变化，由原来的设计师设计的编码，糅和了聊天发出方对该符号的解码，继而演变成为新的编码，因为新的解码里融合了聊天者的性格、心情及其他方面的思维方式。

○ 5.2.3 符号的形式与观念

综上所述，我们可以发现，我们在学习设计语言和语意的过程中，首先需要理解符号及其基本原理，以及符号的产生和传播特点。这是因为我们生活在一个符号的世界里。在初学语意学的时候，许多同学会把语意学简单地理解为表达某种含义，或者"像什么"。譬如表达可爱就会想到用动物体现，表达音乐就会想到用音符或者乐器来表现……这些表达手法虽然没有问题，但是倘若我们把对符号的理解进行深层次的挖掘，就能够做出更具品质感的产品。

在这里我们需要注意形式语意表达和精神语意表达，尤其是精神语意是通过什么样的符号实现的。现代主义的建筑和产品，我们看不到工艺美术时期和新艺术时期的作品所具有的植物形态，也看不到巴洛克时期那样通过程式化的装饰符号所表现的华贵，但我们不能说它没有意义，因为现代主义的作品采用抽象符号表达了对理性美的追求。而后现代主义不承认"风格"的存在，拥有着特有的个性语言。

因此，当我们想要表达某个产品的语意的时候，我们不妨使用不同的表达方式使产品既不显得牵强，又能感动人。这犹如我们表达传统文化时不是简单地将传统元素进行堆砌，而是去表现传统文化中的哲学一样。产品的语意本质上是在表达一种观念，这种观念通过产品的外在形式及使用过程和人进行沟通。

语意的成因在很大程度上依赖于社会的观念与人们的生活方式，因为人们对符号的理解是社会文化在某一时期的体现。因此，社会生活的各个层面所折射的文化对设计都能够起到较多的影响，因为它影响到人们对事物的解读方式。需要注意的是对流行的关注，流行常常是一定时期消费者的主要观念和生活方式的集中体现。流行有时是科技发展推动的结果，而更多时候是观念推动的结果。因此，对于设计专业的学生而言，了解科技发展，了解社会观念的变化显得尤为重要。

思考题

你在购买衣服的时候，是如何做出选择的？衣服的哪些特点让你感到亲切，亲切感的产生原因是什么？

练习题

我们怎样通过语意去表达一个产品想要体现的精神？你可以通过一个产品的语意实现和一个励志故事想要表现的观念相共鸣吗？

第 6 章
产品语言的构成

6.1 产品语言的构成要素

产品语言的构成是由产品、人，以及所处的时间、空间共同构成的，我们在此讨论的是狭义的产品的语言构成。产品语言的核心在于能够激发人的情绪引起共鸣。但这种共鸣常常是需要一个产品系统来共同构成的，因此，我们暂时以产品所在的常见的环境和情境来阐述语言的构成。

对比一下人类语言的构成，就有声语言而言，当我们说话时，我们所表达的字、词、句和与之相关的语法，同时伴随一定的音量、音调等关键因素，在某一情况下进行了信息传达，从而能够使听者接收该信息后产生一定的理解。在此，字、词、句、语法与音调、音量等共同构成了语言的内容和表达的方式。此外，字、词、句结构完全相同的一句话由于语调的变化可以温柔出场，也可以犀利呈现，而表现的意思也会有很大差异。

对于产品而言，它的造型、色彩、材质，三者的结合关系及出场的方式等每一个环节都能够影响到它呈现的语意。语意是语言的构成部分，通常语言在特定环境下表达的意思，产生了语意。如对产品而言，它是怎样的一个产品，是操作类？家具类？欣赏类？……这类似于说话的内容，而在一定条件下的表达方式则类似语调、语气等能够呈现一定的情感,转换到视觉方面则呈现一定的表情、气质。

建筑师扎哈·哈迪德设计的游艇，打破了人们对游艇的常规认识，他以其惯用的曲线塑造出令人惊艳的造型语言（图6-1）。人对速度感的感性认识与游艇颇具流动性的形态产生了共鸣，同时线条走势交织、主体虚实呼应的景象让人感受到它的豪华与现代。在此，产品的功能性形态表达了作为游艇的概念，而带给人的速度感、科技感、豪华感等气质特征类似有声语言表达中的语音语调，其作用是能够激发人的情感体验。

每个产品都有它独特的表达方式，如北京侨福芳草地商场的导视牌打破了传统高直的立方体或者立柱状造型，采用蛋形，新颖的造型语言使其在情感语意的表达方面呈现出敦实可爱的一面，同时犹如雕塑一般伫立在栏杆边和行走的人进行着对话（图6-2）。

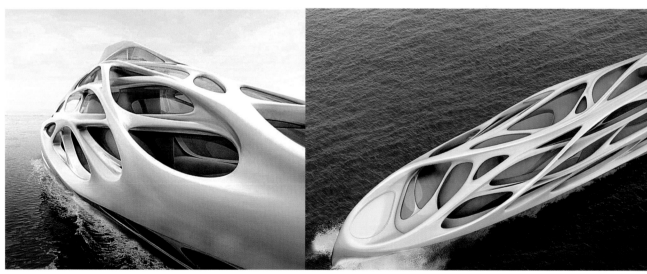

图6-1 扎哈设计的游艇

图 6-2 蛋形导视牌

图 6-3 科沃斯扫地机器人

当下技术飞速发展，产品与人实现着更多互动，产品的语言也根据互动方式的不同产生着不同的语意，这犹如大人和孩子的肢体语言互动中，"抱"和"拉手"所呈现的语意差异也是存在的。同时，产品所呈现的语言涉及人的感官体验是多样而综合的。不仅是视觉与触觉，听觉和嗅觉体验也能够成为人们对产品语言的理解手段。

扫地机器人在室内自行运动的时候，我们会产生一种错觉，仿佛它是有生命的，这样的产品尽管在行为上是自行运动的，但在感情上和人发生着互动，它的语意是丰富的，既具有类似狗、猫之类的宠物特性，又具有作为无生命的产品本身该有的语言。它的外观、扫地的声音都是构成其产品语言的重要元素。（图6-3）

因此，我们理解产品的语言构成时，需要从多方面进行分析，但在设计产品语言的表达方式时则首先需要从产品的主要构成要素入手，如造型、色彩、材质甚至声音。而对于以互动为主的产品则需要从设计互动方式的角度去塑造产品的语言。

○ 6.1.1 造型、色彩、材质

形态具有张力是优秀设计的基本特性，而具有张力的造型常常能够激发人的情绪。如日本庭院中枯山水景观的设计就很好地诠释了水晕的特点（图6-4）。

图6-4 日本枯山水景观

图 6-5 卢浮宫入口地下天窗

图 6-6 Marc Newson 设计的网孔休闲鞋

水晕的造型语言让人的感官系统随之颤动、晕开，是一种静态中的心灵互动，因此，非常容易激发人的情绪。这种情绪的激发能够轻松地表达它所具有的语意，阐述着亲近自然、修身养性的话语。每一个造型都是有语言的，虽然它并不单独存在，它和色彩、材质共同产生了视觉语言，但它是构成语言的基础。卢浮宫入口地下的倒锥形天窗充满张力，让人顿觉心情紧张，那尖锐的底端似乎随时要扎下来。这些形态都激发了人们的情绪和人的感官体验发生共鸣，向我们彰显了抽象语言的力量。（图 6-5）

色彩对人的感情的影响是不言而喻的，如食物的色彩大多是暖色的，它们会让吃饭变得更加温馨。操作类的设备大多不使用纯度高的色彩，而是选用灰色、灰蓝色、墨绿色、黑色、白色等容易让人安静的色彩。这是因为色彩对人的情绪造成的影响必须与相应的产品匹配，才能更好地和人的感情产生共鸣。

因此，色彩是形态语意的构成因素之一。我们可以发现许多商品在同样的形态中提供多种色彩供消费者选择，不同的色彩所产生的语意差别是非常大的。

如某些品牌的纯净水把包装分了"男女"，其目的在于更好地产生容易和相应消费者沟通的语言。单个产品如果成为一组产品的视觉焦点，那么它对环境的氛围塑造起着非常关键的作用。

色彩对氛围有一定的塑造作用。具有一定面积的色彩常常能够塑造相应的氛围，同时醒目的色彩即使面积不大也可以影响氛围，如自行车上的一个带状线条都能够影响自行车的气质和所产生的场地氛围。

材质对品质的诠释是至关重要的。材质除了具有视觉效果外，还关系到人的触觉感受，因此对品质的影响十分强烈。如一个具有磨砂效果的手柄表面和一个光滑的手柄表面给人的品质感是不同的。除了流行因素外，触感带给人一种精细加工的感官判断。（图 6-6）

○ 6.1.2 声音与动作

在产品语言的构成中，声音和动作所占的比重逐渐升高，这是由于科技的进步，各种智能产品应运而生，人和产品的互动有所增加。我们可以发现声音设计逐渐被用在产品设计中，手指划过屏幕的声音，按下开关键所发出的音效等，这些都已成为产品语言的构成部分。而产品所具有的动态特征同样能够成为其语言的构成部分，如通过感应来实现开合的垃圾箱，其开合的动作速度快慢、幅度大小等都能够成为该产品的语言特征。

图 6-7　室内空间色彩设计 1

图 6-8　室内空间色彩设计 2

6.2　产品语言构成的特征

○ 6.2.1　系统性

　　产品的语言常常具有系统性，对一个产品或者对一个产品系统而言，局部和整体都具有千丝万缕的联系，这犹如人的穿着，不管是上衣、裤子、裙子，还是鞋子、帽子都需要有所搭配才能使服饰发挥出自身的价值。对产品和产品系统而言，每一部分的语言构成都和整体息息相关。如在室内环境设计中，大多数设计师都具有"色彩照应"的意识，即某一区域有一种色彩之后，常常需要在其他区域有该色彩出现，以便形成和谐的效果。而又有较多设计师喜欢用一个色系来完成一个环境的色彩规划，该系统中每个产品都不会跳出该色系的范围，即使偶有局部采用非本色系色彩产生对比效果，也常需在其他部位同样出现小面积相似的色彩来呼应一下。

　　图 6-7 和图 6-8 在室内空间色彩设计中，整体色彩纯度较低，且有大面积白色占据其中，因此，整个房间呈现出人们常说的高级灰的色调。同时，其中的绿色出现时，

地毯与沙发靠枕形成一定的呼应关系，以维持色彩的平衡，而沙发、左侧柜子及屋顶的色彩关系也是如此。这其中任何一个色彩若独立出现，缺少呼应都会显得不够自然。

○ 6.2.2 主导性

每一个产品在语言表达时都有一个主导性语言，而其他语言次之，对产品而言，这里的主导性语言也可以理解为主要性格。产品语言的主要性格确定之后，则明确了产品的语言特征，其他语言则根据系统性的规律依次出场。这犹如我们说话时在主要主题进行表达的基础上，使用其他语言进行润色的道理。在视觉的表现上，产品则通过其表情或者主体气质的设计确定表达的"主导性语言"，继而通过对细节的塑造实现产品语意的综合表达（产品的表情和气质在后边的内容将有详细的阐述）。

6.3 产品语言的构成与产品的语境

在产品语言的设计中，语境对产品语言所要表达的语意的影响并不难理解，重要的是在使用过程中不要忽略语境的存在，许多设计师在设计产品时只追求造型的美观、结构的巧妙，却没想过该产品使用的场合及使用者的心情。这样的设计自然是不成熟的，因此，许多设计师提倡设计某种产品前需要通过试用来体验该产品的特性。这种特性是建立在具有代表性的时间和环境中的。只有这样，才能使设计师进入角色。在体会语境的基础上设计产品，产品的语意才能自然地符合它所处的语境而不会显得尴尬。甚至在许多情况下，语境的特性对产品语言的构成提出了要求。

人们常提到的情景体验设计就是尊重了语境的存在。甚至有些设计师提倡在进行设计时应该像一部电影那样设定该存在的环境、氛围，该出现的人和他们使用产品的情景，在这种情景中，产品才能具有它应该出场的角色定位，表达出它该表达的语言。

语境其实是由一个符号系统中的所有元素共同构成的。每个元素都无法摆脱语境对它的影响和制约，如同样的轮滑出现在餐厅用于服务员工作的代步工具和出现在校园的某个广场上用于社团活动时，它们承载着不同的语意。前者更多体现一种高效和个性的语意，后者更多呈现出的是训练"运动技巧"的语意。因此，在不同环境下轮滑的造型、色彩等设计语言则需要采用不同的构成元素。同样一块面包在不同的环境下也呈现出不同的语意，它可以呈现出"零食"的味道，也可以呈现"快餐"的意味。呈现零食语意的面包和呈现快餐语意的面包在造型、大小、色彩、质感等方面都需要不同的设计语言，前者需要吸取甜点、蛋糕的设计语言作为点缀；而后者需要选取能够体现"方便"，甚至"主食"的设计语言进行表达。因此，产品的语言设计需要关注在主要语境下它所呈现的语意需求，从而合理进行语意定位。譬如我们要对轮滑增加闪光创意的时候需要考虑这种元素所产生的语意创意更适合哪种语境。

关于语境，我们将在第十章做详细阐述。

6.4 产品语言的构成与产品的语意

产品的构成要素中每个环节都有自己的语意特征，它们根据一定的逻辑关系构成产品之后呈现出新的语意，新语意与构成元素的基础语意之间存在着较为微妙的关系。产品的语意其实是由人的情感产生的。它是人对文化符号的形式引发的情感作用于产品之后对自身的反馈，也就是人把产品

图 6-9 经典相机的材质与配色

图 6-10 手表的材质与配色

图 6-11 宝马汽车的材质与配色

当成了一个文化系统的缩影。通过产品和它所处的语境，实现了对一种文化的联想和自身情感的表达。因此，在产品设计中不仅仅是设计产品本身，而是设计该产品在出售和使用过程中所呈现的文化缩影，产品的语意承载的是一种文化背后的故事。当消费者和使用者能够和产品所承载的文化产生共鸣的时候，也就是人和产品有了共同语言，产品的语意就实现了它应有的价值。

在很多情况下，产品构成要素的基础语意所呈现的文化特征与产品最后呈现的语意有密切的关系，在进行产品设计时我们需要注意产品语言构成要素的基础语意对产品语意的影响。

因此，我们可以看出产品的语意需要这样的条件：一是作为主体的人；二是人和产品所处的语境。同时还有很多不确定因素，如人当时的心情，不同的人由于性格的不同、经历的不同对同一类产品产生的情感不同等。因此，产品的语意在设计的过程是针对有代表性用户的情感体验。

当我们看到图 6-9 这个相机的时候会有一种怀旧的感觉。咖啡色皮套和金属的搭配成为一个年代的记忆。同时我们也能感受到时尚，因为复古也是一种时尚手法。而棕色和金属的搭配用在手表和宝马车上（图6-10、图6-11），同样经典中透露着时尚的气息。不管是怀旧还是时尚，这些都是产品所呈现出来的语意。只是消费者对它有不同的联想和体验继而产生了不同的诠释。每种诠释都可以反射出诠释它的人所承载的文化习惯，因为他是用自己习惯的文化方式去解读一个产品，但这种解读方式在同一类人面前具有相似性，因为有相似经历和相同文化背景的人总能找到或多或少的共鸣。这是产品的语意能够被设计的基本条件之一，否则语意的设计无从谈起。

在一定的语境中，产品的语言必然产生一定的语意。这犹如人和人的交往中，人的语言在一定的情境中能够产生一定的意思。但需要注意的是，产品语意的表达要自然，不做作。许多初次接触产品语意的同学会在不知不觉中生搬硬套地去表现产品的语意，比如会为产品增加一些很勉强的符号，或者为了模仿某些符号形态而设计一些牵强的造型。

这样的做法常常会出现"为了设计而设计"的情形，它很容易导致设计语意的表达生硬、缺乏感人之处。产品的语意更多的是实现人和产品的沟通，拥有"共同语言""共同感受"，实现情感共鸣是产品语意表达的关键。尽管对工艺品、礼品、活动用品类产品而言，需要运用一些相对具体的文化符号来表达吉祥、友好等含义，但仍然需要结合产品的语境自然、合理地运用文化符号的沟通作用，以发挥文化符号所承载的内在文化精神为目的。

思考题:
观察生活中的产品，请举出造型相同，但因材质和色彩不同而产生语意差异较大的2~3个产品。

7

第 7 章
产品设计语言的指示性语意

7.1 指示作用的形成

设计语言的指示作用常常体现为通过产品的部分形态，甚至整体形态告诉使用者它的功能特性，如开启方式、操作程序等。这是产品和人交流的一种必需的方式，它能够起到使人根据经验，发挥思维定势的积极作用，达到快速理解产品的目的。在这个方面，有些符号的指示作用是非常明显的，如常规产品的 Power 键，类似红绿灯一样，能够快速指示人们它的位置和功能，通常这类按键比一般的按键要大，上边或者旁边附加图标强调其作用，开着的状态会有灯光作为指示。

而有些指示作用是非常隐蔽的，如侧面有弧度的手机，弧度的设计增大了手机屏幕的使用面积；同时，使手和手机的接触产生了更加柔和的体验；再者，弧度的产生让人在不知不觉中产生手指滑动的动作，该动作可能是上下滑动，也可能是左右滑动，而手机设计师将左右滑动的动作和返回键做了很好的结合。弧度激发了人滑动的动作，而该动作和返回键高度契合后，弧度造型也就对"返回"产生了指示作用。它引导着人的手指去进行这样的滑动操作，也就等于进行了返回键的操作。

另外一些指示性设计的明显程度是相对居中的，如包装袋撕开的地方，常常会有一个三角缺口，这样的三角缺口引导着人们从此处把包装撕开，这样的指导方式是非常温和的，没有类似"此处撕开"这样的文字提示，但人们能够轻易识别到它的含义。又如锡纸包装盒的锯齿结构，能够引导用户轻松地将锡纸整齐地撕开。

因此，可以发现不管是按键大小对人的判断作用起到的影响，还是弧度造型与人动作习惯的关系，抑或是人们对包装结构上的三角缺口和锯齿的理解，符号的指示作用和人的先前体验有着直接的联系，因为它关系到人们产生联想的速度与一致性。如果大多数人能够短时间联想到一个指示含义，则这样的指示符号更适合使用，因为它们不容易产生歧义，并且能够让人们在短时间内进行判断。

因此，先前体验形成的思维定势的积极作用在符号语意形成的过程中起着非常关键的作用。

由于人的经历和经验是不断积累的，因此指示性语意常常也是动态的。如有些产品的语意开始是我们被动接受的，甚至需要专门记忆才能掌握的，而时间长了也就成为一种近乎本能的反应，则该语意也就成为一种指示性语意。这是由于当我们一旦接触到该产品，就会产生一定的习惯性操作。

7.2 指示作用的实效性

作为指示性语意，我们需要关注它的联想一致率和联想速度，即解码的一致率和指示性符号的传播速度。同时，这里涉及一个创新幅度问题。

○ 7.2.1 联想一致率

联想一致率即人们对待一个指示性符号的理解相同或者相似的比例。如开关键采用圆形是产品设计的共识，几乎所有人都能够根据这个形态理解它的含义，所以它的联想一致率是非常高的。倘若将该按键换成方形的，则联想一致率会下降。（图 7-1）

产品所形成的符号系统，作为系统的每个符号单元，如外形、声音、使用过程的反馈等都能够对符号所传达的信息带来影响，一个符号面对不同的人会产生不同的语意，但在许多时候，需要一些更容易产生共识的符号语意，要求这些产品的符号语意符合人的定势思维，从而减少错误的理解和错误的使用。例如图标设计中，许多已经形成较为固定的语意的图标是不能轻易大幅度创新的，否则会影响到用户对它的语意判断。

图 7-1 圆形开关与方形开关图标 　　　　　　图 7-2 Michael Graves 的水壶设计

○ 7.2.2 联想速度

联想速度是人们在看到某一个形态的时候产生期待联想的速度。如看到图 7-1 的图标时能够识别它是开关键所用的时间。联想速度也可以直接影响一个产品的使用，尤其是人在紧张及精神不太集中的条件下产生的联想。联想速度高的产品，人们需要更少的注意力去进行操作，则产生误操作的机会少很多。如果我们把开关键设计为方形，则大大降低了联想一致率和联想速度，使用者需要较多精力来理解它的作用。

因此，操作类指示性形态需要注意指示符号的语意在表达过程中产生的联想一致率和联想速度，才能够更好地为设计服务。

如引导指示牌、交通符号指示、操作手柄、开关方向、操作界面等，其指示作用则更为重要。目前流行的界面图标设计中，产品语意的指示作用则更加讲究。

7.3 明示设计

对于联想一致率高、联想速度快的产品功能性语意，其功能指示性更强。如图 7-2 水壶设计中把手部分的波浪形明显是手指所放的位置。设计这样的产品功能性语意需要注意总结人在日常工作和生活中存在哪些思维定势和操作习惯，以及原有约定俗成或者规定的形态符号，这是能够保证指示作用准确无误的关键因素，对许多产品而言，其功能性语意的准确性是非常重要的，甚至有些设计是不能随意进行创新的。如键盘的设计中各个按键的大小基本上变动不大，除个别按键稍有变化外，其他按键的大小基本是按照人的操作习惯来设计的，如果把 Shift 键改小，或者把回车键改小，人们会无法识别（暂且不讨论改小后按键和人的指头接触面积的变化所带来的影响）。

因此，指示性相对明确的形态设计，我们称之为明示设计，对产品的明示而言，需要从两方面去进行语意传达：

○ 7.3.1 形象语意传达

形象语意传达，即能够根据形态语意特征判断产品类别。我们能够根据形态快速识别产品，比如能够根据形态判断出是冰箱还是空调，抑或是冰柜。通常每一种产品都有着十分明确的外观形象帮助我们判断它的属性和基本特性。

图 7-3 宜家折叠沙发的折叠语言

但有时也有较为模糊的情况，如电脑显示器和电视机逐渐走向一体的时候，我们常常无法快速辨识是电脑显示器还是电视机，这是由于技术的共通性对产品符号语意表达产生的影响。符号的形象语意通常和我们的经验有关。对大多数产品而言，其固有形象在人的心目中具有一定的符号特征。人们习惯根据这种符号特征去判断产品的类别，继而去判断它的功能、外观及使用场合等其他特性。

在 6~7 寸的可以打电话的 Pad 产生的时候，人们是较难接受的，甚至有人把用这种产品打电话的形象当作恶搞图片来对待。因此在这样的情景中，这样的 Pad 颠覆了人们对电话及对 Pad 的理解，从而感觉似乎不应该用它来打电话。

想一下我们平时用的物品，我们生活的自然世界中事物都有它的样貌特征，这些特征帮助我们识别该产品的属性类别，从而增加判断。但当新产品诞生的时候，我们常常不知所措，不知道该以怎样的形式出现，这也是为什么新产品常常需要有原有产品的影子。从符号理解的角度看，这是十分有必要的。如图 7-3 中沙发的两根绳子基本"表明"了自己是可抽拉折叠的床和沙发的结合体，也"表明"了抽拉效果的实现途径。结合前面第 5 章讲过的符号的外延含义可以发现，产品的物理特征具有这样的指示作用。

○ 7.3.2　产品的功能性指示语意

功能指示特性，即让人知道怎么使用和操作。这是大部分产品都涉及的问题，也是一个很重要，但是并不难理解的问题，只是在一个产品诞生的时候常常被设计者不知不觉忽略。许多人都经历过一个灯的开关按到怎样的状态是关还是开的迷惘情况，或是几个开关放在一起而不知道哪个开关控制哪个灯的局面，于是只能频繁地按来按去。这种情况下，开关的指示语意是模糊的，它甚至混淆了人们的经验，从而造成产品操作失误的事情。有些电视遥控器的换台按键和音量大小控制按键总是出现指示性不明确的情况，人们只能通过感觉来判断。

图 7-4 按钮与旋钮

图 7-5 不同大小面积的图片所呈现的功能性语意

因此，产品的功能性指示语意除了告诉人们那是什么产品之外（因为许多时候人们习惯根据产品的功能来判定产品类别），更多的是需要告诉人们怎样使用它，避免出现不会用或者误操作的情况。

下面我们做一个功能性指示的实验：图 7-4 左图的圆柱如果是一个按钮的话我们是无从操作的，不知道需要按还是需要拧，但是右图加上螺纹之后指示性就非常清晰了。这里螺纹的作用不仅增加了摩擦力，还有提示人们操作方法的作用。

又如触屏界面中整齐排布的图片，图片的大小面积限定在一定范围内，会被人们识别为图标，而当图片过大时，人们则较难想到去点击它。而当其中一个图片面积较大，其他图片均等较小时，较大的图片也将较难会被认为是图标，即使点击也是出于为了放大图片进行查看的目的。在这个案例中，面积大小成为图标的功能性语意，较小面积的图片和人们意识中对图标的理解是等同的，而较大面积的图片和人们头脑中"配图"的含义是等同的。（图 7-5）

7.4 暗示设计

在大多数情况下，人对产品的理解有赖于形态造成的暗示效果。而这种语意的传达更多地和产品的人体工学相关联。

一些形态对人的动作有一定的激发作用，这是由于人们在长期的生活体验中形成了对周围事物的符号化认识。当有相似或者相近的符号产生的时候，就能够激发人的某些行为，这些形态特征也就具有了特有的动态指示性语意，但这种指示性并不像指令那样明显，因此可以用暗示性语意来形容。倘若在设计中善用这些指示性形态，就可以创作出许多既符合人体工学又有趣的产品。

○ 7.4.1 暗示性语言是一种提醒或提示

1. 礼貌的提醒

这种提示是礼貌的，同时预示着这种提示在无效的情况下并不会造成多么严重的后果。因此，这种提示的方式比较温和，不会对用户的使用体验产生压迫感。而另一种情况则是几乎所有人已经知道需要注意的事项，并且养成了习惯，只是在某些时候会不小心忘记，如疫情期间，在餐厅就餐需要排队的场所地面所设置的一米线提醒就属于这类性质（图 7-6）。

在设计训练中彭月同学采用提醒类设计语言进行了构思，为了减少近距离看手机对眼睛带来的伤害，产生了手机靠近人脸到一定距离就会出现屏幕模糊的创意，从而提醒用户保护眼睛。

2. 顺势而为的引导

这类暗示性语言常常具有帮助用户更轻松地使用产品的特性，它常常需要契合那一时刻用户的意愿或者习惯。

小米的人体秤造型十分简洁，在不使用时即使显示体重的屏幕也是关闭的，使用时则自动打开。我们可以发现在不使用时整个体重器几乎是一个平板。那么怎么来判断它的方向，而不至于倒着站在上面呢？一个小米的 LOGO 就解决了这样的问题。这里的 LOGO 除了以标志的形象出现外，还成了一种提示型语言。而这里的提示方式是温和的，甚至用户觉察不到它在提示自己，而是习惯性地看着 LOGO 的上下方向选择了站立的位置。（图 7-7）

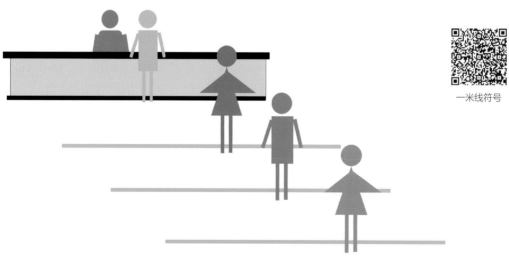

一米线符号

图 7-6 一米线的提示作用

图 7-7　小米人体称　　　　　图 7-8　骑马箱 1　　　　　图 7-9　骑马箱 2

图 7-10　方向盘形态设计　　　　　图 7-11　滑板道

　　图 7-8、图 7-9 的骑马箱将箱子一面做成马鞍装的弧面，让人看了就不由自主地骑上去，为箱体增加了新的功能。这里的弧面至少告诉人们两则信息：（1）这个箱子是可以骑上去的；（2）骑上去的感觉应该是柔和的。一个可骑的弧面瞬间提供了一个场景：机场、车站……那些疲劳但无处坐的情况。这里的弧面介于暗示与明示之间，更多的是一种暗示效果。

　　图 7-10 所示的汽车方向盘在手握处的形态做了曲线化处理，很自然地让驾驶员将手放在适合的位置（三点和九点的位置），为驾驶员在汽车驾驶中方向盘使用的不良习惯进行一定的改善。

　　面对这样的设计需求，我们采用的设计方法，可以从以下几个方面进行思考：

　　（1）寻找现有产品可能出现的错误或者不方便使用的地方；

　　（2）观察用户的使用需求，尤其是潜在需求；

　　（3）根据需求产生创意并做基本的可靠性验证；

　　（4）寻找合适的提示语言表达其功能特征。（图 7-11）

塑料袋快撕设计

图 7-12 超市塑料袋撕取设计

图 7-13 吃猕猴桃的专用工具

如超市的塑料袋放置架，以前在超市取塑料袋是需要双手去操作的，即一手握住整卷塑料袋，另一手撕掉一个塑料袋，或者双手采用撕的动作。而经过设计师很小的改动后，就实现了单手操作，如图 7-12 的塑料袋架上多了一个三角形结构，从而使顾客自然地用力一拉，塑料袋就从间隔缝中被撕了下来。这是一个貌似不起眼的设计，但在有大量顾客流动的超市，就能提高顾客的购物体验和购物效率。

图 7-13 是一个吃猕猴桃的专用工具，产品特有的形态仿佛告诉我们一端可当作刀，而另一端可当作勺子来用。内部凹陷部分，主要部分是勺子，而另一部分凹陷则引导我们在使用时很自然地可把大拇指放在那里。无论使用该工具的哪一端，大拇指都可以放在该位置，同时两部分自然融合，功能和形态在此达到了很好的融合，两端（勺子和刀）的尖锐程度则同样和猕猴桃的皮及果肉的特点达到了统一，当作刀的一端同时在侧边设计了锯齿，为我们的使用行为做了很好的暗示作用。

○ 7.4.2 暗示性语言的设计方法

对于暗示性语言，我们如何形成设计意识并实施设计过程是非常重要的问题。首先我们需要学会观察人的特征：

1. 从人的肢体特征出发，塑造产品贴心语意

如考虑人的手、脚和身体其他部位的活动习惯。人的肢体特征常常对产品有很多的设计需求，如果一个产品对人的肢体暗示恰好符合人的肢体习惯的话，那相当于人动动手产品就知道他的意思并能够进行配合，这样的产品使用起来会让人觉得非常舒适、贴心。

2. 从使用环境出发，观察人在不同环境中的特征

通过产品设计对这些潜在行为需求与自然行为特征进行暗示性语言设计。如我们常见的研讨型教室就是从环境出发，对课桌椅进行组合式设计，形成方便进行面对面讨论的课桌椅组合。一方面是教学理念的变革，课堂活动更加注重学生的参与性，如对课堂讨论的参与热情。另一方面对于课堂讨论而言，学生在潜意识中是有参与需求的，只是由于不好意思或者原有的座位位置增加了讨论的心理疲劳程度，因此讨论热情在一定程度上受到了压制。而研讨型教室的桌椅摆放位置，相当于一个活跃的活动组织者，他们仿佛在对学生招手：坐下来大家聊聊。而这种暗示与学生的潜在讨论

需求是具有一定匹配度的。由于人的行为是由综合因素而产生的结果，对于讨论这种行为而言，对讨论内容的兴趣，课堂的放松状态，位置是否面对面，意识中是否认为讨论是课堂的必要环节等，这些都能够影响到讨论这种行为的产生，只有每个环节都为行为的激发做出贡献，才能促成该行为的产生。

通常人们在选择背包的时候，总能根据自己物品的多少来选择大小，对于可伸缩包是有潜在的心理需求的，而常见的可伸缩包的伸缩能力都非常有限。图 7-14 中所示的红点奖获奖作品 UN/LIMITED 背包所呈现的折叠结构暗示了人们它的可伸缩性，从而满足了人们不同情况下对包的体积大小的心理需求。

3. 从信息表达出发，注重指导性信息的语意设计

捕捉我们的生活和工作中由于信息表达不清造成人们不知所措的场面，通过改善产品或环境的设计对其行为进行指导性暗示。

这样的情况本质上是由于产品的语意表达较为笼统而造成的，犹如我们生活中常常遇到这样的通知："作业提交时间为 10 月 12 日前。"这样的表达常常被人解读为两种含义。一种是作业的提交时间必须是 10 月 12 日之前，不包含 10 月 12 日；而另一种解读则是包含 10 月 12 日。因此会让看到通知的人无法判断提交作业的准确时间。倘若改成作业提交截止时间为 10 月 12 日 23:59，或者表达为作业提交时间为 10 月 12 日之前（包含 12 日），均可改变表达不清所产生的困境。对于产品设计而言，同样要对可能产生的信息模糊进行暗示性引导，以降低人和产品交流的心理疲劳。

如图 7-15 的图标常用的含义是转发，而其兼有收藏和转发等多种功能的时候，常常使寻找收藏图标的用户无所适从。

图 7-15 收藏（转发）图标

图 7-14 Chou Kuan 设计的 UN/LIMITED 背包

图 7-16 克拉尼设计的汽车

○ 7.4.3 设计专题：以形态与行为的关系为基础的暗示性语意设计

1. 触摸、拍打的语意暗示

（1）激发触摸欲望的球面或者弧面形态

球面或者弧面形态凸起的部分容易激发人触摸、抚摸的欲望，具有触摸的暗示性语意特性。这种形态在雕塑中更为常见，孩子的头部、动物的身体等都是人们常去抚摸的部位，它们通常都具有一定大小的弧面接触面积。而这些弧面和球面，大大激发了人的触摸欲望。这种形态本身就是一种视觉语言，一种依靠触觉美产生的语意，在产品设计中，也经常用到这种造型手法。（图 7-16）

又如流线型造型的产品常常带给人许多触摸的体验，人们会根据曲面的走势来进行触摸。因此，倘若我们在设计产品时有意保留一个可以触摸的部位，则能够提高产品的亲切感。因为人们在使用产品的过程中，视觉、触觉甚至味觉都具有参与性。于是，我们发现许多的细节设计都可以引入这个设计理念。雅各布森设计的蛋椅很好地诠释了这种激发触摸的形态语义。蛋椅的形态语义不仅因为它呈现出较多的弧面和球面，同时由于人们长期具有对鸡蛋的触摸体验，因此对蛋椅的联想基础便存在了，人们想要去触摸和感受蛋椅的欲望很容易被激发出来，其流畅的线条更激发了人们顺着曲线进行触摸的欲望。总体而言，这里的触摸性暗示语义发挥了很好的作用。（图 7-17）

试想一下我们习惯的触摸动作：滑动或者贴靠。这是我们最习惯的动作，而延续不断的曲线和弧面、大面积的弧面或者球面所产生的语义均有触摸的暗示效果，因为人们看到这些形态就能够快速联想到触摸后的感受。这类形态的语义设计，能够很好地增加人对形态的亲切感。如 Ross Lovegrove 为三宅一生设计的手表上鼓出的弧面和弧线让我们有一种想触摸的欲望。（图 7-18）

图 7-17 雅各布森设计的蛋椅

图 7-18 三宅一生的手表

图 7-19 不倒翁音箱

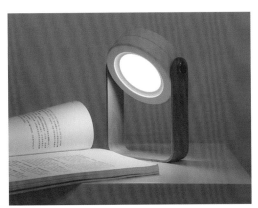

图 7-20 PRDesign 的手风琴触摸灯（折叠后）

（2）激发人拍打欲望的球面或者弧面形态

激发人拍打欲望的球面或者弧面形态的手法也被广泛用于产品设计中。在我们的生活经历中有拍、打等符号印象，这些印象和弧面、球面直接相关。因此，当这类形态出现后，会暗示人们进行拍打的动作。如电视节目《中国好声音》中与导师转身的动作相配合的转椅按钮。在那样的氛围与情绪下，拍打是最能表达感情的动作。

2. 转动与平衡的语意暗示

有些形态本身是不平衡的，由于人类天生对平衡有着很强的敏锐性，因此，对平衡感的体验会激发人们对平衡或者不平衡形态产生动作。这里，平衡或者不平衡的语意常常能够暗示人们改变一种平衡或者不平衡状态。

能够有转动的语意暗示也常常可以激发人的使用行为。因为转动结构本身就是基于人的动作而产生的，因此能够转动的结构常常具有暗示作用。（图 7-19）

图 7-20 折叠后的手风琴触摸灯（折叠前见图 7-25），光源部分形态如生物的头部，抬头低头的过程，轻松地改变了光的角度。这样的形态会让人有意无意地转动它的头部，产生了对于使用动作的暗示性语意，增加了使用乐趣，巧妙利用转轴的暗示性语言可提高用户的愉悦性体验。

图 7-21 Richard Clarkson 设计的摇篮椅

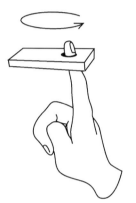

图 7-22 手通过小孔转动物品的习惯

图 7-23 插头设计

　　Richard Clarkson 设计的摇篮椅将形态和功能做了很好的融合，当我们看到这个椅子的时候就有一种想要滚动或者晃动的欲望，半球的形态激发了我们的这种情绪，这与产品的实际使用方式是非常吻合的。（图 7-21）

　　3. 契合某种思维习惯或者习惯性动作的形态语意暗示

　　日本著名设计师深泽直人在其"意识的核心"演讲中讲道"与其说是设计新的东西，倒不如说是找一个实际上已经存在，但是你还没有真正发现的东西"。人的许多行为是在无意识中产生的，按照这种行为的习惯去设计产品，往往能够让人在无意识中接受它。

　　在这里，我们可以从暗示的角度来理解这种无意识的习惯性行为，或者是并不需要太多思考而进行的常见动作。捕捉这些动作，然后设计出能够符合这些动作的产品，往往更容易被消费者接受。而配合这些动作的是产品的形态，这些形态可以是产品的局部细节，也可以是整体形态。这些形态给人一些暗示性语意信息，这些信息使我们在不用怎么思考的情况下就可以理解它的意思。

　　图 7-22 中长方体上的小孔可以激发人把手指穿过它进行摇动的动作，这是一种常见的动作，倘若利用这个特点做优盘类小产品则很容易激发人们去把玩它，从而产生亲切感。人们对这类形态的捕捉能力很强，因此，这类形态的语意能够很好地实现暗示作用。

　　许多纸箱为了透气和方便人们拿取，会在箱体一定的位置设计两个孔洞，对于纸箱来说，这两个孔洞的出现，并不会引起我们太多的注意，然而我们却会在不经意间把手指放进孔洞，拎起箱子，使用过程在不知不觉间变得更加轻松了。（图 7-23）

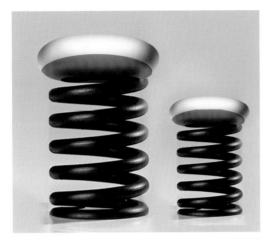

图 7-24 弹簧凳

图 7-25 PRDesign 的手风琴触摸灯

图 7-26 矮凳

4. 开合、伸缩、折叠等结构形态带来的动态语意

开合、伸缩、折叠等结构呈现在人们面前的时候，人们总会联想到它的另一个状态，因为这些形态是可以"运动"的，因此容易激发人们去改变它而使它呈现另一状态的欲望。由此可知，善用动态产品的不同状态的形态语意，可以设计出非常具有参与性的产品。

如图 7-24 韦景琦同学设计的弹簧凳不仅坐上去有弹性，而且它的形态会激发我们产生去坐一下进行体验的欲望，这是由一个形态过程的变化产生的语意印象，其赋予了产品特殊的活力。产生于过程变化的语意符号常常具有这样的吸引力，这犹如我们走近秋千的时候总想坐上去感受一下的道理类似，因为这类产品的语言是在"使用过程"中产生的，而形态凝练了过程的语言，从而抽象成一个生动的、蓄势待发的语意。

图 7-25 的手风琴触摸灯将开合伸缩的结构，与光的多少进行了有机融合。折叠结构更能激发人的按压与提拉行为，伴随着这样一些行为的发生，台灯的照明强度就会发生改变。灯罩采用折叠结构这种设计语言产生了激发人进行伸缩变化操作的暗示性语意。

5. 其他激发人行为动作的形态语意

产品的形态常常通过暗示性语意激发人的行为欲望，从而与人进行互动和交流。如图 7-26 所示的矮凳中包含着储物的功能，入口曲线仿佛张着嘴的形态，让人总想尽快找些东西投进去。

产品指示性语意设计的目的是能够使产品在使用过程中更加舒适自如。需要强调的是对产品进行设计的同时需要观察人的行为习惯和行为方式，通过产品的形态、使用方式等特征激发人的动作欲望。产品和人的交流建立在人的兴奋点被提高的基础上，而不是被动使用产品。这就仿佛人们在想吃饭的时候正好遇到了美食，而不是在没有饥饿感的时候却到了开饭的时刻而不得不完成吃饭的任务。产品的暗示性语意常常和人体工学密切相关，同时在结合了人体工学基础上增加了产品的趣味性。

图 7-27 Redmi 耳机设计   图 7-28 WPS 光标设计

耳机充电演示

○ 7.4.4 指示性语意的思考层次

总体而言，在产品的指示性语意的设计中需要适当分析和设计出不同层面的指示方式：

1. 不假思索的动作和产品形态的契合

许多情况下我们对一些事物的反应是一种类似条件反射的行为，为了使产品和人的互动变得更为和谐，捕捉人的本能习惯的做法能够提高人和产品的默契程度，使产品更加贴心。

如图 7-27 耳机盒子的设计，明显的内腔结构让我们很自然地会把耳机放进去，而此时会发现耳机上有点状的灯光闪烁，原来放置耳机的过程也是一个充电的过程，人对耳机的充电行为被内腔结构很自然地进行了暗示引导，同时，通过闪烁的灯光作为这一操作结果的反馈。在此，放置和充电这两个行为都由内腔的结构、闪烁的灯光所构成的设计语言对"贴心使用"进行了很自然的语意表达。

2. 需要少量思考的指示性语意

这类指示性语意多采用暗示的方式进行语意表达。如一个看上去如方盒子的冰箱会使我们无所适从，但是侧面的缝隙能够暗示我们开启的位置。同理，又如没有门把手的柜子，通过柜门四周的凹槽暗示了我们可以从那里扳开，作为打开柜门的渠道。WPS 在触屏屏幕上的应用设计中，当点选需要的字词句时在相应的位置设计了水滴状图案，水滴状图案能够引导我们，对光标的位置进行左右上下的移动，从而降低了因为没有鼠标而带来的使用不便。（图 7-28）

3. 需要一定思考的指示性语意

这类指示性语意具有暗示性和明示性两种语意结合起来实现信息传达的特征。

4. 需要借助专业指导性图文进行思考的指示性语意

这类指示性符号通常具有专业性，如说明性文字和说明性示意图等，在此不做过多讨论。

练习题 1：

请将你原有的设计作品拿出来再次修改，看能否有意设计出一个能够激发人触摸欲望的局部形态，从而提高产品的触觉体验。

练习题 2：

以简单的机械结构为基础进行产品设计。机械结构较为明显的语言特征，能够激发人的使用欲望，从机械结构出发，进行创意和设计的产品，能够起到很好的行为暗示作用。

第 8 章

产品设计语言的情感性语意

产品语意的情感特征有很多，它们分别在不同的层面有所显示。如同一件衬衫做稍微的修改，就可以表达出正式或者休闲的特性，而它的语意所呈现的消费者群体也就发生了改变；同一款造型的椅子材质不同也会分别被放置在不同的环境里。产品形态（这里的形态包含色彩和材质）所表达的语意使它有了归属对象和归属环境。这是语意在不同层面的体现，与某一个产品通过形态告诉人们它属于什么类别的产品及具有哪些功能的语意指示性特征相比，它背后所折射的文化特征是非常丰富的。

8.1 产品语意的情感特性层面

这里的情感特性常常在不同层面有不同表达。

一是直观感受层面，诸如可爱、温暖、沉重、活泼、严肃等扑面而来的直观体验。这些感受有的具有共同的特征，如大多数人都具有相同的感受；有的则具有明显的个性差异，不同的人出现的差异也较大。这是由于每个人的感受都是自己的文化特性对产品形态的一种反射。即每个人都是将自己的经历或者经验中对某些事物的理解而产生的固有认识附加在他所看到的产品上，然后固有印象和新形态发生碰撞与结合后产生的新的理解。每个人的经历与经验不同，因此所产生的新的认识也存在差异。每个人不是单独地生活在世界上的，他对世界的认识总是离不开他所处的文化范围的影响，因此，在同一文化范围内的人对事物的理解具有近似性或者相同性。

二是文化归属感受。在这里，我们可以通过感知小范围的文化特性来理解这个问题，如通过一个背包可以大致了解主人的生活场景，也可以通过一个茶杯大致判断主人属于哪个年龄段。

小范围的共同点铸造了这个范围的人对产品共有的认识。他们有着类似的审美特性、接近的品位，如学生使用的产品就如他们自身的气质一样，很容易被识别出来。当然很多时候这种情况是相对的。

关于文化归属感受我们将在后边有更多阐述。

8.2 产品语意的指示特性与情感特性的关系

产品的指示性语意更像是产品说话的内容。比如一台设备会告诉操作者手放哪里，怎样转动，按钮在哪里，先按哪个后按哪个，是推还是拧等信息。而产品的情感性语意更像是说话时的姿态和态度，温柔和蔼还是理性犀利，真诚善意还是虚伪做作等都能够随着语言表达的同时展现出来。就其本质而言，人和人之间的说话与人和产品之间的"对话"都是一种交流，只是人更习惯于声音、文字、肢体语言的交流，而产品更侧重"肢体"语言，即通过产品的形态和人交流，同时产品也会辅助声音甚至味觉等和人交流，交流的方式不同，但原理十分相似。因此，从交流的角度去理解产品的指示性语意和情感性语意则更加容易，"产品语意的设计必须从指示性和情感性两方面着手"便不难理解。产品在表达自己的时候需要像人说话一样有内容，表明自己是一个什么产品、用来做什么、怎么使用，除此之外，还需要有自己的性格，不同性格的产品即使"说"着内容相同的"话"，但在态度不同的情况下，则展示着不同的气质和表情。"一个可爱的产品""一个科技含量高的产品"等。（图8-1）

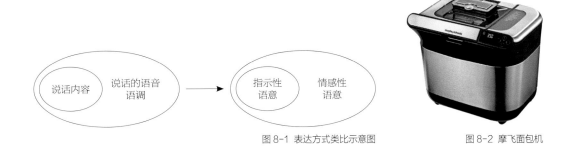

图 8-1 表达方式类比示意图   图 8-2 摩飞面包机

从对有声语言语意的理解过渡到对产品语意的理解相对减少了我们对产品语意学习的难度，继而拓展到所有的符号系统，我们发现在本质上语意设计的目的是对产品进行表达与信息传播。电影有电影的语言，它有自己的语意表达方式；摄影有摄影的语言，它也有表达内容与情感的独特手法……我们可以选择自己熟悉领域的表达方式，将其原理转化到产品设计中，则能够较好地理解产品语意的特点。

譬如面包机的设计在指示性语意中会告诉用户："我是一个面包机，当您把我打开后，可以看到里边的容器，它是用来盛面粉等制作材料的。您还需要观察前部的面板来设定您想要的制作模式，至于具体的操作请看一下说明书。"在这个案例中我们可以看到产品设计的指示性语意更多的是说明性语言，而情感性语意则需要我们通过产品的外观特征和使用感受，产生情感判断从而产生情感语意。而对产品的情感语意设计而言，则更希望通过用户调查呈现符合用户期待的语意。如面包机呈现的情感态度可以是："我是一个技术完善的面包机，只要您把制作面包的材料交给我，您就可以放心了""我是一个漂亮可爱的面包机，今后的生活有我的陪伴，一定会带给您很多愉快的体验"等。（图 8-2）

指示性语意和情感性语意的结合是非常重要的，只有将二者都进行了认真的思考，才能实现"好用、好看又亲切"的使用体验。这就仿佛平时我们和人打交道时，对方进行语言表达的时候既把事情说明白了，同时又表达得体了，语调语气正是我们所希望的态度。具有这样的设计能力需要我们在设计实践中不断地理解功能和外观之间的关系，分析人与产品之间的关系，感受人对产品的各种期待。

对交互性强的产品而言则更是如此，因为在交互过程中产品的指示性语意和情感性语意常常呈现动态表现，语意特性在每个交互过程中都会发生变化，往往需要更为复杂的用户分析与产品语意设计。然而对语意特性的基础性理解与思维方式是做好设计的关键，因此，常规产品的基础性语意设计练习是十分必要和有价值的。

图 8-3 青岛石老人浴场的休闲座椅

8.3 从产品气质和表情的角度理解产品的情感语意

为了更好地选择一个更容易理解和更容易接受的方式，我们可从产品的气质和表情所产生的语意的角度对产品语意在情感方面的特性进行分析和理解。产品的表情、气质是人对产品的理解方式之一，这些直观感受是产品呈现给人的语言内容之一，在人对产品语意的解读中发挥着重要作用。心理学认为，人对事物产生兴趣的强度在同类环境中依次为人、动物、植物与风景。可以发现人和有生命的事物沟通起来更容易，这是由于人类喜欢用习惯的方式去对待其他事物，比如能够从无生命的事物中看出面孔、气质等。人们还会在不知不觉的情况下对动物、植物甚至是毫无生命的日用品说话。倘若关注到这些人的思维习惯，也就等于关注了产品可能出现的气质与表情，同时需要思考产品以怎样的气质与表情语言更能促进和人的交流。（图 8-3）

那么产品的气质和表情是怎样产生的呢？卡通形象的形态相对有着明显的头、身子等，但是生活里的大部分产品是以几何形态为主的，它们的气质从何而来是我们需要关注的内容。

产品的气质本质上是产品的造型、色彩、材质给人的一种联想，这种联想激发了人们对人类气质表情的判断习惯，从而产生了一种对产品的感官认识。如我们可以说某个产品看上去非常高贵，也可以说某个产品看上去非常活泼。

这个过程大脑完成着一种从抽象到具象之间的互为沟通，就表情而言，人的大脑有专门的区域来控制面部特征和表情。当我们看到别人的面孔的时候，大脑能自动地将其解读，并将结论传送到我们的思想意识当中去。同样，产品的气质也是一种可以起到解释产品语意作用的大脑反映物。正是大脑的这种解读习惯，使人们更愿意用看待生物的思维方式去看待产品。

○ 8.3.1 产品的气质

产品的气质是人通过自身对产品的理解产生的一种情感沟通方式。它具有主观性，也具有普遍性。对于平常的人际交往而言，看着"顺眼"的人更容易沟通，而这里的"顺眼"本质上是产生了共鸣的东西而缩短了距离感。其中，通过气质语言理解产品的这种与人的沟通方式更容易体验到它的规律，从而更好地进行产品形态设计。

这里的共鸣本质上是人对事物的理解或者期盼正好和某事物的出现相对吻合。如人们对科技感的期待是黑白灰的外表和光在产品上的呈现，因此人们渴望这样的形态出现，当人们看到这样的产品出现的时候会有一种亲切感，这种感觉就是共鸣。这实际是该产品符合了消费者的理解范围，即属于该消费者文化范围的事物。

图 8-4　方形到圆形的演变

凳面曲线

图 8-5　凳子面的曲线变化

　　消费者的文化范围的大小是灵活的，大到民族文化，小到一个学生宿舍文化。每一个环节的文化特性都可以折射到产品的语意上产生共鸣或者非共鸣。因此，我们在此讨论的是广泛意义的文化条件下人们对产品形态的气质语意的理解，因为人类存在着许多共性。正是建立在这样的基础上，语意的分析才得以实现。

　　首先，我们从几何形的特征来分析产品的气质语意。

　　图 8-4 是从方形到圆形的演变形态，它们均有各自的气质，呈现在产品上的语意特性也相对明显。

　　在产品语意学的课程中，通过对中国海洋大学大三学生进行的一个实验结果分析显示，下列几何形有以下不同的气质特征（实验参与人员年龄为 20 岁左右，角色为学生，来自不同地方，参与人数为 25 人）。

　　方形：稳定、严谨、冷静、端庄；

　　圆形：随和、轻松、可爱、单纯；

　　三角形：犀利、果断、稳定、年轻；

　　对称形态：稳重、冷静、死板；

　　非对称形态：活跃、运动、冲动；

　　重心高：高贵、优雅、脆弱、冷漠；

　　重心低：朴实、憨厚、稳重、乐观；

　　……

1. 成因分析

　　分析这些形态气质的成因，可发现其有着普遍性，如图 8-5 的案例可以看出形态变化对气质的影响：图中右边的凳子凳面被调整后气质发生了变化，由原来的普通、呆板变得更加温和、亲切。分析其成因，主要有以下两个方面：

　　（1）曲面的形态符合人体曲线，更加具有亲和力。

　　（2）改变了整个产品全部由直线构成的状态，减少了呆板的语言，气质语意发生了变化。不仅形态更加有了活力，而且时尚感也有所增加。

　　因此，我们可以发现，直线、曲线之间的变化常常是塑造气质的努力方向之一。

　　意大利著名家具品牌 B&B 的沙发犹如雕塑一般流畅优雅，其中背处内凹曲线的细节，让整个形态变得具有流动感，且鲜活有生气（图 8-6）。倘若去掉那一点曲线，则整个形态会显得非常普通。

　　根据这个规律，我们分析一下键盘的形态语意变化过程。

　　图 8-7 和图 8-8 为 DELL 的两款经典键盘，图 8-7 把常见的方形为主的键盘通过把转角进行丰富的曲线变化，使结构紧凑，气质语意发生了许多变化，变得活泼、柔和了许多。而图 8-8 造型依旧保持长方形为主，但键盘变薄了，增加了浅灰色边，同样能够改变气质，使其变得更加精致，多了几分商务人员的气息。

图 8-6 B&B 沙发

图 8-7 DELL 键盘 1　　　　　　　　　图 8-8 DELL 键盘 2

键盘中的曲线丰富了形态，修改气质的手法犹如把西装下部的直角变成了圆角一样，直接对应着不同人的气质，也呈现着产品的不同气质语意。（图 8-9）

当我们关注这些细节的时候会发现如此小的地方却可以决定那么多产品的气质。许多产品决定它的气质的正是一些局部细节，这犹如人体的每个可以被看到的局部都和人的精神面貌、气质性格有关系一样，细节起着十分重要的作用，如浴缸、碗的形态气质语意变化（图 8-10、图 8-11）。碗的案例可以帮助我们更加充分地理解直线与曲线、不同曲线曲度变化对气质的影响。这是非常明显和易于理解的，就像我们很难想象把一张身份证设计成圆形会是什么样的，因为它实在显得非常不正规。但是在实际设计中我们也许会常常忘记它们的气质语意塑造作用。

如图 8-12 的杯子，左图杯子盖上的曲线形态不仅增加了手拧的力量，还为杯子增加了许多硬朗的气质语意。对比两种形态的杯盖，我们会产生怎样的感受呢？哪种气质是消费者喜欢且易产生情感共鸣的呢？会不会我们觉得只是一个小改动，但产品给人的感觉会差异很大呢？

图 8-9 西装的转角设计

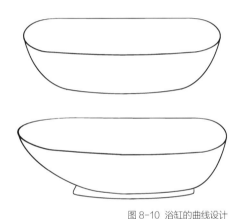

图 8-10 浴缸的曲线设计

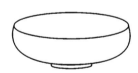

图 8-11 碗侧面曲线的变化过程

浴缸　　　不同弧面的碗

图 8-12 杯子盖的不同气质

对立式空调来说，我们常见的是立方体的造型，这样的空调有助于和室内其他家具家电组合在一起，但小户型家居装修设计时常常会把空调放在客厅墙壁的转角处，于是圆柱形空调造型也随之产生了。这两种形态的空调给人的气质感觉是有差异的，它们在阳刚与柔美之间做出了选择，会影响到客厅的氛围。圆柱形空调给客厅带来的是一种轻松和优雅的感官体验，与调节氛围的功能似乎更加匹配，而立方体的形态以自身特有的端庄、安静拥有自己的消费者。（图 8-13）

同样的道理，我们可以发现建筑设计中圆柱式的使用给建筑带来了柔和的气质。倘若将这些圆柱都改成方柱，整个建筑的气质语意则将变得严肃和正式。

曲线的变化造成了形态力感方向的变化，如图 8-14 中正方形和圆形显现出膨胀力的方向，显然曲线更具向外的张力，因此曲线在活力气质方面具有较大的优势。同时，圆形更具有转动感，它的动态活跃气质更加容易被捕捉到。中心对称结构或部分中心对称结构的曲线形态更容易让我们感受到它的轴心，因此，转动在我们的意识中很容易被捕捉到。

（1）棱角问题

曲线的弯曲度在很多时候会演变为棱角问题，小转角的形态容易让人感觉到犀利、干练、强势、叛逆等气质语意，大的转角给人温和、质朴、憨厚或者安静的气质语意。

同样一个普通鼠标，把棱角修改一下，它的亲和力会增加不少，这是因为它的气质语意发生了变化。这两个鼠标由于棱角不同，给人的触觉感受也不同，尽管棱角的位置是人们不常触摸到的，但它会影响人的心理感受，从而造成不同的气质语意。（图 8-15）

因此，细节常常决定着一个产品的气质，就好像人的衣服领子虽然面积不大，但可以改变一件衣服赋予人的气质的道理一样。

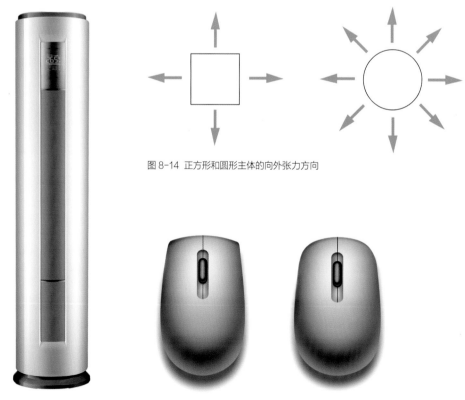

图 8-14 正方形和圆形主体的向外张力方向

图 8-13 圆柱形空调　　　图 8-15 鼠标转角变化

（2）对称与否和气质的关系

对称的形态具有安静、严肃、稳重、传统等气质语意，非对称的形态会给人以活泼、个性强、运动等气质语意。许多需要体现稳定感，或者技术可靠性的产品的外观常常不会采用非对称结构，因为它们很容易给人不可靠的感觉；但非对称结构有时会在使用方式和视觉冲击力方面给人带来不一样的美好体验（图 8-16）。对称与否给人的直接冲击是平衡的问题，而平衡这种看似抽象的东西背后所产生的形态具有不同的气质。因此，对称和不对称呈现的气质在不同的场合及不同的人中拥有着各自的位置，设计中我们可以根据具体情况从对称与否的角度调节产品的气质。

因此，我们在做设计的过程中，如果觉得自己的设计缺少活力时，不妨关注下对称与否的问题。

（3）视觉重心与沉稳、活泼的关系

重心与产品的形态密切相关，重心不同的产品给人的体验是不同的。我们常常看到一些大型产品会在下部进行形态的内收，这样对视觉重心稍微有所提高的做法能够使产品看起来不那么笨重，同时也可以发现许多建筑在增加了底部的台阶后会视觉上使重心有所下降，可增加建筑的高大感和稳定感，上大下小和上小下大不同的重心高度，呈现了不同的设计语意，带给人不同的感受。（图 8-17）

稳定、轻松的
设计语言

图 8-16 燕尾服装饰柜

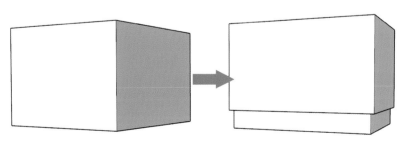

图 8-17 视觉重心改变示意图

（4）气质调节中介的作用

如何调整产品的气质，时常需要一些类似调节剂这样的中间产物，家具本身在形态和色彩方面和儿童的亲切感并不强，但是融入图案之后，气质发生了较多变化，图案起到了沟通中介的作用：当人和产品在缺乏沟通的时候，需要一个媒介来辅助沟通。如宜家儿童柜子上有了图案，和人的交流就多了一种语言（图 8-18）。透明的收纳箱更好地实现了内装物与人的交流，看得见的东西不仅便于人们了解它们的存在，同时也拉近了与使用者的心理距离（当然，对于较为难看或者长期不使用的产品的情况，非透明的收纳箱特有的封闭式语言更适合）。在此，半透明的设计语言起到了很好的沟通作用。（图 8-19）

图 8-18 儿童家具上的图案

图 8-19 半透明收纳箱

2. 材质与色彩对产品气质的影响

产品的材质与色彩、形态一样是产品气质语言的构成部分。色彩与材质犹如产品穿的衣服一样，相对容易去表达产品的气质语意，但是它需要与形态很好地结合才可以做出风格一致的产品。

丹麦设计师雅各布森设计的造型相同的天鹅椅（图 8-20）呈现不同色彩和材质的时候，我们很容易感觉到它们的气质中所包含的年龄、性格、职业均有不同。淡色的语意透露出年轻、文静（尽管椅子形态气质活泼）及女性化。咖啡色的天鹅椅的气质饱含着成熟稳重甚至严肃，同时皮制材料更具有几分办公室工作人员的气质。而蓝色天鹅椅的气质彰显着一种张扬的个性，大胆奔放、性格直率且充满活力。

透过这几款天鹅椅的色彩与材质，我们不难把它想象成一个穿着不同服饰与化着不同妆容出现在不同场合的女性，甚至咖啡色的天鹅椅具有一定的男性气质。

图 8-21 中几款产品都是丹麦设计师 Eva Solo 设计的厨房用品，其造型和中国的酒壶十分相似，但由于材质的不同，它们所呈现的气质是完全不同的。

同样的，建筑或者产品的表面，用上网孔的肌理效果之后，便拥有了全新的气质，网孔独特的科技美感对建筑或者产品进行了全新的语意诠释。（图 8-22）

图 8-20 天鹅椅的色彩和材质对气质的影响

图 8-21 不同材质对气质的影响

图 8-22 冲孔板对气质的塑造

3. 面孔位置对气质的改变

面孔是产品的脸，它的特点对产品的气质有非常重要的影响。心理学中有关于注意的理论认为，我们通常对一个形态进行关注的时候，会有一个主次，其中最主要的部分常常是第一眼关注的位置，而这个部位常常是产品的"脸"。图 8-23 中所示的遥控器，当人们拿到手的时候几乎不假思索就能判断它的上下，这是由于我们习惯性将圆形造型理解为头部，而圆形则默认成为该遥控器的"面部"。而现实中更多的产品没有这样明显的面部，但即使如此，人们依然能够自然地"挑选"出产品的"脸"和"表情"。

如一个杯子，它的视觉中心也就是注意点最高的位置——杯口。改变了杯口也就改变了杯子的气质。

对比图 8-24 的三个杯子，可以发现：

一个普通杯子的杯口经过改造之后形成了一个新的造型，这是由于"面孔"发生了转移。

新的面孔出现在杯口的位置，它成了杯子的视觉中心，对产品的表情起到了决定性的作用。在此，我们再继续做实验，如果把杯子的底部修改之后会不会改变杯子的视觉中心呢？我们可以发现杯子的气质又发生了一些变化，这是由于底部造型的修改使杯子的视觉中心向杯子底部拉近了，从而改变了人们的关注点，而杯子底部的形态气质对整个杯子的气质又造成了一定的影响。

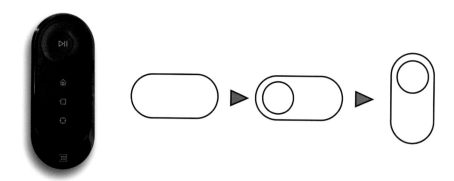

图 8-23 遥控器与遥控器面部产生示意图

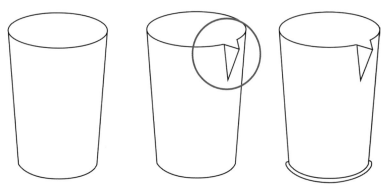

图 8-24 面孔与视觉中心原理实验

图 8-25 汽车的气质

同时，我们可以发现，一个杯口的改变不仅仅是气质的改变，它甚至把杯子的指示性语意修改成了茶壶。这是因为杯口通常是圆的，便于饮用，而茶壶具有倾倒的功能需求，因此一个小小的杯口在指示性语意和情感语意方面都起到了作用。相比之下图 8-24 第三个形态比第二个更加具有稳重和复古的气质，这是由于底部的形态拉低了杯体的重心。同时底部的形态和人们印象中的古典符号发生了一定的相似性联想。

4. 主体气质统一与局部气质多元

对于每一款产品来说，都有一个主体气质，同时需要一个相反的气质方向作为调节，以达到一种视觉心理的平衡。这同样和人的观察与体验习惯有关，人类对平衡的追求是本能的，我们希望一位温和的绅士带有几分刚猛，恬静的女性也具有活泼的一面。对待形态的追求则体现在产品的气质呈现上。因此，对产品的主体气质进行定位是必须的，而在此基础上进行的局部调整也是必须的。局部调整可以尝试往相反的方向进行：硬与软、冷与热、舒缓与急促、鲜艳与低纯度……这些方式都可以令一个产品的气质更为丰富，性格更为饱满，也更能激发人们对产品的情感共鸣。因此这里的语意符号是在一种平衡中追求气质的多样性与丰富性。

汽车的设计常常采用柔中带刚、刚中带柔的处理方式，这样才能够实现主气质决定产品情感性语言，其他气质语言进行调节，也起到丰富产品气质和表情的作用。（图 8-25）

5. 几类气质语言

（1）年龄气质语言

当我们看到一些产品的时候，我们很容易判断出它的适用年龄人群，这是由于产品的形态等特征与我们常见的该类别的消费者群体使用的产品的符号印象发生了连接，它们属于同一个世界，因此，符号印象决定了产品的年龄。但这些符号印象的产生是有普遍性的，如不同年龄的人使用的书包具有共同的符号印象，它们表达着接近的语意信息。如拥有卡通图案的书包的人具有低龄化特征几乎是所有人的共识。但在实际产品设计中如此清晰的形态年龄界定是比较少的，许多形态年龄语意需要多方面的调整才可以实现。

（2）性别气质语言

性别气质是产品设计很容易引起消费者共鸣的语意表达。如男性消费者较多的产品和女性消费者较多的产品在形态上常常具有较大差别。男性语意更强调刚硬、冷静、理性、激情、绅士等特点，而女性语意更强调温柔、优雅、端庄、时尚、可爱等气质特征。

对于性别语意的表达在造型方面需要注意直线与曲线的使用、重心高低的控制、人体曲线的联想等。

（3）职业气质语言

每个人都有自己的职业背景，这些职业背景常常渗透在自己的气质中，而对于他（她）使用的物品的语意来说，也是其气质的延伸。因此可以从职业消费习惯的角度寻找某一职业的主要形态，将其运用在所要设计的产品上，赋予产品职业特色，从而增加职业人员对某类产品的喜爱。

当然，职业气质从职业文化的角度去理解产品职业语意更为全面，在后边的章节将有阐述。

○ 8.3.2 面孔语言设计

面孔语言设计也是语意情感设计中非常重要的部分。在此我们需要讨论一下面孔的设计。面孔是人的联想在事物形态中造成的感性判断。如汽车的前部，人们通常会习惯性地把车灯当眼睛，出气孔当成嘴，因此汽车的"五官"相对明朗。它的"五官"是威严的还是可爱的，是汽车品牌商非常关注的问题，他们通常需要调查用户的心理需求来进行判断。汽车的表情相对明显，而生活中大量物品的表情元素是模糊的，但人们可以轻易地看出它们的脸，继而找到对应的表情。面对每一款手机，我们都可以说它在看着自己，而面对那张没有表情的脸，人们却可以轻易地由手机的整体轮廓看出它的表情是温暖还是冷酷，是可爱还是严肃……面孔和表情是一种语言，这种语言是无声的，但它在拉近着产品和消费者的关系，它或者在诉说，或者在调皮，或者在守望着你，总之它是一种和人交流的方式。

剃须刀和音箱也属于比较明显的面孔，它们圆圆的眼睛说明了一切（图8-26、8-27）。而针对那些模糊的面孔，我们又该怎样去控制它们的表情呢？

 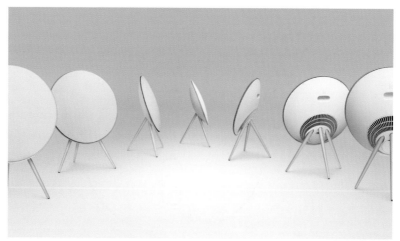

图 8-26 飞利浦剃须刀　　图 8-27 B&O 音箱

　　把两个耳机放在一起，我们无法不联想到它们在"对话"（图 8-28）。而脸甚至是嘴的位置都变得如此"清晰"。因此，我们对表情的设计需要根据面孔中主要元素的语意来决定，而对主要元素的设计可让我们对表情的控制做到心中有数。耳机的"对话"是由于两个孔的形态使他们具有了"张开的嘴"的形态语意联想。因此，我们在面孔里要关注一下哪些是可以塑造和改变的表情符号，继而修整它的语意形态，可以得到我们想要的表情。

　　因此，表情的设计需要关注以下几个方面。

1. 表情明显的产品

　　需要注意哪个部位是最容易被人捕捉到的形态，嘴、眼睛，抑或其他，然后将最容易体现产品表情的部位进行强化，其他部位弱化。这是符合人的观察习惯的，众多的元素杂糅在一起是不会有太舒服的感觉的，因为它们互相干扰而无法实现统一，表情就会显得非常不自然。有些面孔甚至只用一个"器官"来表现，其他的则呈半隐藏状态，这样的表情主题突出，容易表现出生动感。（图 8-29）

　　同样，用嘴来表现表情的形态，只需在嘴的位置稍做凹陷，人们就能从中把脸的形象捕捉出来，而嘴的形态能够直观反映产品的表情。（图 8-30）

图 8-28　耳机

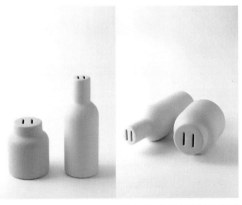

图 8-29　佐藤大设计的存钱罐

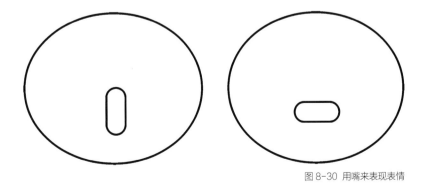

图 8-30　用嘴来表现表情

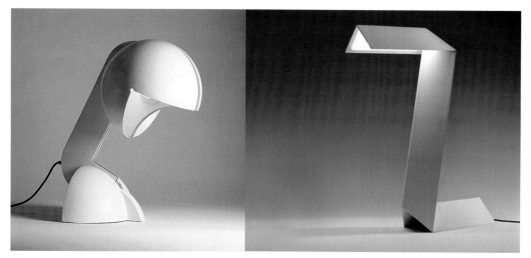

图 8-31 台灯

在产品形态设计的过程中，较多设计师具有仿生设计的形态设计思维，人类是自然的产物，自然孕育了人类的智慧与情感，大自然能够带给我们很多启发和灵感。在仿生设计的过程中必须要理解和掌握对自然形态进行抽象的能力。就产品的表情设计而言，对自然形态的抽象程度直接影响到表情的明显程度。在较多的情况下，产品的"面孔"设计并没有十分清晰地显示面部五官。如图 8-31 两盏台灯经过抽象后都呈现出几何体造型，即便如此，它们的抽象程度依然存在着差异，且分别实现了产品表情和气质不同程度的抽象结果，因此表达的形态语意也存在着区别。左图的台灯人们可以较为容易地感知到像一个张开的嘴，这是由于灯的整体形态具有头与身体的联想，其中头部表情中灯罩透光的部分造型与张开的嘴具有形态联想性。它带给人可以是生动可爱，也可以是轻松幽默的感受。由于形态经过了抽象的环节，为用户提供了更多联想和想象的空间。

相比之下，右图的灯的造型语言依然具有头和身体的联想，但由于整体形态皆由直线构成，头部表情带给人更多的思考余地，可以是严肃认真的表情，可以是安静温和的表情，也可以是空灵诗意的表情。这两种不同抽象程度的表现方式各有所长，合理使用均能发挥其精彩之处。

现代主义风格将机器美学带入人的生活中，但抽象的几何体并非都是冷漠的，它们用多姿多彩的方式塑造着不同的表情和气质。在当下各种风格并存的审美时代，对表情不明显的产品的表情理解需要具有更多的想象力和感受能力。

2. 表情不明显的产品

表情存在着非常抽象的形态，需要去联想才可以产生，而每个人的联想结果是迥异的。因此表情的特征更多依赖于表情元素之间的配合。

巴塞罗那椅的面部是靠背。但这里的面部只是人们习惯性地把最先看到的产品部分（常常偏产品重心往上的部位）当作产品的脸，因此靠背部分的构成形态就形成了它的表情。有秩序的点与线的构成，以及光滑的皮制材质使巴塞罗那椅的表情显得干净而清醒。同时有秩序的点的运用使平静的靠背呈现出活力。因此这是一个平静而充满活力的表情，其将现代主义的设计哲学做了很好的诠释。（图 8-32）

图 8-32 巴塞罗那椅

图 8-33 巴塞罗那椅修改实验 1

图 8-34 巴塞罗那椅修改实验 2

下面我们做一个修改，把巴塞罗那椅靠背上的点状形态去掉，则会呈现出不一样的表情。经过统计 10 名同学的感受，发现去掉点状形态后，面部表情变得略显呆板，和人的对视交流感降低了。（图 8-33）

继而再对靠背上的横竖条纹也进行了省略，做成一个平面的皮面形态。可以发现巴塞罗那椅基本失去了原有的面貌，表情变得呆滞而毫无生气。（图 8-34）

这是由于十字交叉处的点状形态具有眼睛一样的表情元素效果，它可以看着你，尽管这是一个几何体的构成形态，但是由于人类的习惯性思维产生了这样的联想。当圆点去掉后，交叉部分的凹陷依然具有眼睛的联想效果，只是变得无神。而当整个靠背变成一个平面的时候，眼睛消失了，表情由于缺乏内容而变得呆滞茫然，甚至在整个形态中失去了面孔的位置。

因此在这样的形态中，点不知不觉充当了眼睛的语意，靠背充当的面孔的语意在形态修改中逐渐发生着变化，其由清晰的语意表情逐渐走向模糊。

图 8-35 的例子可以说明同样的道理。

由于靠枕的不同，产品的表情在发生着变化，因为靠枕成了椅子的"脸"。在这张脸上我们很难说清楚哪是眼睛哪是鼻子，却能感受到它们在看着自己。我们总能在脸的部位读出眼神和表情。第一张图也许是把中间的方块当成了眼睛，第二张图也许是将其中最大的三角形当成了眼睛，而第三张图则把整个红色当成一种"注视"。这对我们的感官交流系统具有很高的敏感度造成的，我们习惯联想，习惯去

图 8-35 靠枕带来的椅子表情的变化

图 8-36 Eva Solo 设计的果盘

图 8-37 破壁机

感受，这也是抽象的形态同样能够表达它们的语意的关键。

丹麦设计师 Eva Solo 设计的果盘（图 8-36）通过一个斜切的方式出现了一个张开的"嘴"，实现了产品的表情。这是一种抽象的形态，果盘的嘴呈现出了一种具象的表情，打开了和人交流的通道。

3. 产品表情语言和产品功能性特征的统一

当人与人之间说话的时候是需要看着对方的脸和眼睛的，对视交流常常能够表现出人的诚意和礼貌。而产品在和人的交流时也需要有对视的，而对视时的表情语言需要和产品的性能互相融合，这一点在很多时候是被设计师忽略的，尤其对于一些提供直观信息的位置来说更为重要一些。如厨房电器通常是放置在操作台上的，多数情况下我们对其呈现俯视的状态，当信息面板与桌面平行或者倾斜度较小时（图 8-37），用户和它的对视是非常容易的，然而许多厨房电器操作面板的位置被设计在侧面，使人较难正面注视它的面孔，从而使界面"告诉"我们需要俯身低头和它交流，在人体工学方面提出了一个有些"辛苦"的要求。和面孔表情的情感交流有所区别的是，产品在功能区和人的交流不仅仅要具有舒适的情感表情，还需要有较好的对视功能，对视功能将使用过程变得更加人性化，可提高其使用的舒适度。通常对于超过一定重量的产品，我们更习惯将其放置在桌面，更大一些的家具电器等则放置在地面，而人的身高特点使这些物体的对视状态是俯视，因此，把产品当成平视的角度进行设计时，很容易出现俯身对视的局面。

图 8-38　五仁月饼

8.4　经历、社会属性与语意的情感特性

通过前面的案例分析我们可以看出产品的形态语意带给人的冷暖、软硬、欢快、轻松、严肃、正式、压抑等感受都是人的直观感受。人的直观感受受诸多因素的影响，有些是人的自然反应，如经过触觉体验而看到某些形态会觉得很硬、很冷，如石头质感的沙发。尽管它是软的，但是会给人坚硬的视触觉感受，这些是大多数人的基本反应。

人在社会中所处的角色、经历的时代等的不同，使人的社会属性的情感存在着较大的差异。因此人们对产品语意的理解有着非常大的差异，即产品形态符号在进行解码的时候会出现许多种解释。而每一种解释都映射出解释者所承载的文化属性，诸如职业、性别、年龄、成长背景等。

因此设计师在进行产品语意设计的同时需要关注消费者的文化属性，减小编码与解码之间的距离。研究用户的生活方式、职业及社会属性是使产品语意表达更具亲和力的因素之一。如现在流行的小脚裤（裤脚口较窄）款式是许多中年以上的消费者所不能接受的，而对许多年轻人来说这样的款式更能体现双腿修长或者呈现干净利落的清爽感。

不同的文化心理直接影响着消费者和用户对产品语意的情感特性的理解，如五仁月饼作为一种记忆性符号的作用远远大于它本身的口味，它所承载的不仅有传统佳节的语意，更是一代人甚至几代人生活的回忆。（图 8-38）

关于人的社会属性与产品语意的问题，除了从产品语意情感特性的角度出发对产品的语意特性进行分析外，我们还需要从产品语意的象征特性的角度对其进行分析。产品的象征语意常常是一种文化的缩影，它可以是民族文化，也可以是品牌文化，抑或是一种风格的代表性表达，这一部分内容我们将在第六章进行叙述。

8.5 产品情感语意价值呈现的丰富性——归属感与个性的平衡

许多产品所呈现的语意能够较为清晰地表明产品属于某一类人群，这样的语意可以迎合部分消费者对归属感的追求。因为这些语意可以体现某一类职业、某一个年龄段，甚至某个社会阶层。

因此有些消费者的购买目的也许并非是实现自己的喜好，或是他们对自身的喜好并不清楚，而是为了寻找对某一类人群的归属感。如经过调查发现许多人在购买车的时候多数是参考了周围的同事或朋友的选择，或者是观察了市面上哪些款式的车销售得更多。另外，人们更喜欢购买和同事或朋友的车价接近的，而不愿意上下浮动过大，甚至颜色也会参考同事或朋友的。如某位先生在购买自己的车的时候，非常喜欢该车的蓝色款，但是听别人说该车的造型不太适合蓝色，蓝色款基本无人购买的时候，他便选择了大多数人选择的白色。尽管他每次看到路上蓝色的车时总会多看几眼，但还是不后悔自己的选择。

因此，从众心理在某种程度上是一种回避风险和寻找群体归属感的结果。这给广大的设计师在设计产品时造成了许多局限，因此他们必须熟知产品的哪些语意是能够引起大多数人共鸣的，是能够带来安全感和归属感的。

同时，人们在购买物品的时候，也有追求个性的心理需求。人们不习惯和别人一模一样，因为那样会显得没有个性，甚至落入俗套。譬如即使挑选眼镜这种非常常见的物品，人们也会考虑戴上眼镜之后，年龄会变大还是变小，还有没有自身的职业特征及自身的性格。人们一方面希望改变自己原有的气质、性格甚至职业特征，但另一方面又不希望和自己原有的特点相差太远，因为那样会失去归属感。即人们追求个性，但对另类有所排斥。

这也就是归属感和个性之间的一种平衡。当然，这里所描述的是大部分消费者的消费心理，这有助于我们对产品进行语意设计时做总体把握。

练习1
你可以设计一个产品来表达自己的成长环境过程所承载的文化气息吗？如果纳入文化概念理解起来较为困难的话，你可以设计一个能够体现自己是怎样一个人的产品，即让人觉得这个产品和你有类似的气质。譬如设计一把椅子，使这把椅子看上去有你的影子，抑或设计一个书包、一个茶杯。

练习2
将一个普通的产品进行语意修改性设计，让它体现不同的职业特性。

练习3
设计一个和自己宿舍文化所形成的语言一致的自行车。（提示：如宿舍文化倾向理性学习型、文艺时尚型、怀旧情感型等。）

第 9 章
产品语意的象征文化特性

9.1 象征的特性

象征是符号在一个特定的人群和地域所形成的一种用来表示某种含义的符号特性。如我们喜欢用红色象征吉祥，用龙代表中国，用饺子象征春节等。

这些象征元素是经过一个民族或者一个地域的人在长期的生活中在意识形态方面形成的共识，是一种民族文化在符号中的体现。

如当我们看到一个家具中带有巴洛克式的"腿"就会感觉到"欧式家具""古典家具""新古典家具"的家具气息。在这里，巴洛克式的大腿成了"欧式家具""古典家具""新古典家具"的象征，它浓缩了人们对这类家具的联想（图9-1）。类似的象征手法在家具设计中比比皆是，如目前国内顾客在购买家具或者进行室内装修的时候，设计师总会问：你喜欢什么风格的？中式、美式、简欧、日式还是地中海式？这些"式样"的设计中，更多地融入了家具或者装修中的一些符号产生的象征作用带给人的不同体验，如美式家居中的壁炉、地中海风格中的蓝色与白色的组合等。这些设施本身的功能逐渐退化，成为对一种文化风格起到象征作用的浓缩符号。至于壁炉等符号是否能够代表欧美文化并不是人们关注的关键，只要它确实让人想到是欧美风格就能够实现一定的装修效果。装修风格与家具的摆设更多是满足居住者的感受，因此，许多设计本身的象征作用所带来的心理影响符合主人的期待就能发挥它的价值。

将象征的特性用于设计的过程中，需要了解象征的本体和象征物之间的关系，通常存在以下两种情况。

○ 9.1.1 象征的本体和象征物之间逻辑关系较弱甚至不存在必然联系

不同的植物象征不同的含义，其中部分植物本身和所象征的事物之间没有多少逻辑关系，只是人们在长期的生活与习俗中，形成了一定的象征关系，抑或是这种象征关系是从某个传说或者故事中演变而来，从而被凝练成一定形态后使用在各种具有特殊含义的语境中。对于这类象征关系和象征形态的使用，我们需要更多关注社会文化生活中的一些习惯用法，所涉及的产品也多用在特殊场合或者特殊时间中。

图9-1 巴洛克式家具

图 9-2 书架墙

○ 9.1.2　象征的本体和象征物之间逻辑关系强

这种情况也是非常多见的，同样以植物为例进行分析，如用荷花象征纯洁的品格，这是因为荷花生长在泥水中，但本身洁净清秀，非常符合"出淤泥而不染"的品格。这是相关联想的产物，逐步为人们所接受。

象征被广泛用于人类生活中，如月饼的包装多用暖色，暖色除了更容易带给人们食欲外，还能象征团圆、幸福等和中秋节的主题相符合。

对于产品设计而言，对象征的关注更能设计出符合人们社会心理的产品。如奥运会的火炬设计，许多国家在设计中都寻找了举办城市的象征符号，用来宣传所在城市或者国家的文化。象征对产品的使用时间、环境、氛围的影响非常大，因此常常用于节日、活动，以及以对外交流为主的产品设计上。

9.2　象征与消费动机

上一章我们在讲述人的情感归属特性时发现，当产品的语意特征呈现一个群体的特征时便有了一定的象征意义，如高尔夫球是一个富裕阶层的象征，磁带、投币电话等元素是某个年代的象征。在此，对语意设计而言，我们需要从用户的动机去分析，在购买和使用过程中，该产品的语意特征是否具有象征的层面，还是更多是一种自身的情感反应。这需要我们从以下几个方面去进行分类：

一是许多人对语意的理解和消费并不是为了某些明确的目的，而是自身素养和审美层次所决定的。从事高尔夫球运动的人并非为了寻找阶层归属感而为之，只是当其属于某个阶层时会不知不觉拥有该阶层的审美与生活方式。因此，象征会在某一些时候具有一定的消费指引作用，而另一些时候则是一种直观的需求体验。这种直观的需求或者购买体验内在的驱动力是其所处的文化背景所决定的，喜欢某个产品并非为了追求它的象征含义，而是其审美与使用习惯被所处的文化"教育"后形成了一定的模式。如在家中安装书架墙的做法，对部分人而言是为了追求一种文化象征，而对更多的人来说则确实是有使用需求并且能够感受到这种方式所蕴含的文化气息，他们不需要刻意安装书架墙来营造书香语意，而是自然地、直观地感觉家中有个书架墙是必需品，同时看上去十分亲切。（图 9-2）

还需要注意的是尽管这样的消费者购买和使用的目的并不是为了追求其象征含义，而是他需要这样的符号，这种类型的符号充满了他生活的各个方面，但这些消费者留给他人的印象则会自然地带有象征的语意。人们习惯将某种符号和一类人联系起来建立象征关系，并且会根据这些产品的象征语意对其进行归类，如阶层、职业、地域、年龄等。

二是购买者或使用者在购买和使用过程的动机是为了消费产品语意中的象征特性。这表现在许多人在购买和使用某种产品时是为了把自己"包装"成具有某种文化类型的人，如某种职业、某种阶层的人士所具有的形象、风格。与寻找归属感的动机不同的是，归属感的寻找更多的是一种情感上的安全感需求，而有意消费"象征性语意"则是为了实现一种"语意期待"。

三是情感需求与象征语意需求并存。在更多的时候，产品设计以激发人的直观情感需求和满足象征语意期待两方面为基础出发，实现更容易沟通的语意表达方式。如怀旧语意元素的运用在一些情况下常常具有引起回忆的亲切感和某种风格象征的双重效果。

在产品设计之初的调研部分，需要调查和分析消费者对产品语意的期待方向，从而合理进行设计定位。

9.3 品牌精神与产品语意的象征特性

从本质上讲，产品语意是它所承载的文化的一种表达，当然这种文化是依赖于能够产生文化共鸣的消费者而产生的。包括产品语意的气质特性、情感特性，其本质都是产品所承载的文化缩影，或者是它所承载的文化的通俗理解。就如我们和人交往一样，常常能够根据他们说话的方式、习惯的用语，大致了解他们的性格、爱好、年龄、职业、家乡，甚至经历。我们面对产品的时候也可以大致想象到它的价格、性能、使用人群等背后的文化特征，这实际是它所指涉的消费者的文化特征在产品上的反映，如许多消费者可以轻松的从车的外观和操作设置上判断它是哪个国家生产的汽车。又如较多以现代主义风格为设计手法的电子产品和家用电器，熟悉这些产品的人也可以很快判断出该产品出自哪里。这是产品的外观及功能分区、操作方式、技术特征等共同作用下，带给消费者的一种判断，这种判断是在先前对各类产品的认识的基础上形成的，而这些"认识"，即该类产品的文化符号信息。

文化的范围可大可小，每个企业有自己的文化，每个地域也有自己的文化，相对明显的是企业在产品形象上常常有意地通过一些产品形态使之呈现家族化，形成其特有的文化符号。每个产品都在这个文化体系下"说"着类似的语言。产品形象系统的做法即要求同一品牌产品"说"同一种语言，为实现这一目的，在产品设计中可以采用共同造型元素、共同色彩、共同搭配等，本质上都是在传达同一种文化，也就是品牌文化在产品方面的符号表现。如爱好摄影的朋友通常很容易从造型识别出不同品牌的相机，因为单反相机的主体造型甚至色彩都是相对稳定的，区别在于细节，如倒角与转角、比例、质感、曲线和直线等。尼康相机机身唯一的一点红色面积虽小却非常抢眼，很容易让我们识别与记住该品牌的产品，这些细节是产品的文化特性的构成部分（图9-3、图9-4）。

图 9-3 尼康相机

图 9-4 佳能相机

　　一个不同部分接缝非常细的产品会给我们透露出一种做事认真、制作精良的品牌文化，这里的精细接缝是产品的一种语意表达，它是安静而理性的表达。同样的道理，一个细小地体现人体工学的按键设计也能让我们感到这是一种温暖。

　　品牌在塑造之初是为了实现一种企业精神，除了企业管理、营销、服务等方面外，就产品本身而言，通过实现其精神层面的表达，力求成为品牌精神的象征。因此，在信仰的层面，产品语意需要承载一定的象征特性。产品成为品牌传播的一个主要元素，产品语意的各个层面的特性都能够得以表达。当我们谈及德国制造的时候，德国产品成了一个总体的品牌，它所具有的真诚、认真、责任心强等品牌精神渗透在产品设计中，使产品成为品牌精神的象征。在当下注重品牌意识、提高品牌价值的市场环境中，如何塑造产品的象征语意，使之与品牌精神有机地融合在一起显得至关重要。

　　品牌象征语意塑造的手法常常从形象统一性与抽象体验两方面着手进行：

　　一方面是形象统一性。在形象语言方面，拥有始终统一的局部或者整体元素，如局部造型、整体线条走势、材质统一性等形态语言手法，可以实现符号的象征语意表达，用户看到相关形象元素便能联想到该品牌。这些相关形象元素成为该品牌的象征元素之一，它们常常是由该品牌文化的精神精练而成。该方法较为容易理解，可以从通俗的角度理解为"产品形态家族化"、系列产品"说"着"相同的语言"。

　　二方面是抽象体验。对于品牌的精神，就产品而言，常常用具象的表达是不够的，正如产品的气质一样，产品更需要用抽象的表达手法实现对品牌精神的诠释。每个产品都具有该品牌的气质，一个产品的气质也能够象征品牌的精神。譬如我们无法描述某个品牌或者某种风格的形象特征，但是我们能够感受到那种浓浓的品牌气息，它们是由产品的抽象表达产生的，产品的气质则能够成为品牌的象征。

图 9-5 家居色调

如我们熟悉的高级灰风格家居，除了较少或者不使用纯色外，我们无法用一些具体形象来作为高级灰家居的象征，但可以感受或者总结出对它的抽象体验，如安静内敛、舒适实用的特征在某种情况下能够作为高级灰家居风格的象征。（图 9-5）

9.4 产品语意的不同层面所产生的动态平衡

根据前几章对产品语意的学习，我们能够理解语意的不同层面具有不同的作用，如指示作用、情感共鸣作用、象征作用。

我们可以发现指示作用更多地侧重操作性，一个产品能够通过语意特征让我们对其进行识别，并且做出一定的使用方式判断。它所体现的是用户的经验和产品的使用特性之间的契合程度。

情感共鸣的作用更多是拉近和用户的情感距离，让产品看起来更加亲切和"面善"。它背后体现的是一定的社会文化背景下人们的普遍心理。一定时间和空间条件下所形成的社会文化心理是产品语意中情感共鸣层面得以产生的基础。

象征的作用则更多是一种文化体系下人们的"精神信仰"或者"文化概括"通过视觉、听觉、触觉等形式凝练而成的一种符号。就拿筷子而言，其指示性作用是用来夹东西的，即使不知道它是餐具的人也会不知不觉拿着它做"夹"的动作，这是由于其形态的特性对人的一种引导而产生的结果。而当我们把筷子包装起来，当作礼物送给外国朋友的时候它就成了中国文化的象征。

因此，产品的语意总是在不同层面之间保持着动态的平衡，根据所处的语境不断发生着变化。如对高脚杯而言，其所具有的"容器语意""气质语意""作为葡萄酒文化象征的语意"三种特性随着用户的差异和所处环境的不同，各自的重要程度也不断发生着变化。

思考题：
根据你的理解，举例分析产品语意几个层面之间的动态平衡关系。

第 10 章
产品语境

10.1 产品语境的含义

语境，原指语言环境，既包括语言因素，也包括非语言因素，具体指语言出现的时间、空间、因果关系、对象、对象的状态等对语言的发出、传播和接收有影响的因素。也就是说我们说话的时候需要一个情境，没有情境的语言是没有意思的，同样的道理，没有情境的产品也是无法单独出现的，因为你无法描述它的用途及给人的感受。即使是一个面包在没有情境的条件下我们也无法判断它一定就是用来吃的，因为它也可能是用来做展示的道具。

10.2 产品语境的意义

产品的语境在产品设计中是非常重要的，因为符号在传播的过程中要受到外界环境的影响，当外界环境发生变化时，它所承载的语意会发生许多变化。如挥手的手势既可以代表"你好"，也可以代表"再见"，这取决于它所处的环境，在这里挥手的动作本身就是一种形态。对于产品而言，它的语境在销售和使用环节表现得更加突出。我们在地摊看到的东西，会本能地联想到"便宜"，而在橱窗里看到的产品，会本能地联想到"新品"。

在产品使用过程中，需要考虑使用者所处的环境会给他们带来的影响。如设计室内装修的过程中，用情景体验的方式深入体验消费者对所处的环境有哪些生理和心理需求，然后在设计中尽可能地让用户感到方便，这样的人性化设计既有人体工学方面的考虑，也有语意学方面的考虑。基于语意学方面的考虑，多为产品在使用过程中以什么面貌出现更容易给用户合理的提示、舒适的感官体验，以及产品以怎样的形态更加适合室内的装修风格。如万科在装修时会在一套房子的出入口处设计一个室内照明的总开关，以免用户出门时忘记关掉厕所或者厨房的灯。这样一个开关的位置设计既要方便操作，又不宜过于明显，它以怎样的面貌出现更适合它所处的位置环境特征是值得注意的。又如对室内配电箱的设计，当它处于门口或处于室内某个墙体的时候，它该以怎样的面貌出现常常也是较难处理的，它的语言要符合室内的装修语言，但在装修前这个东西就已经产生，那么考虑怎样让它成为一个通用的符号，抑或装修时怎样附加一个符号让它更符合家里的装修语言是常见的处理方式。

又如，暖气片外观在长达数年的室内设计中常被忽略，人们习惯它原有的形态，虽然觉得十分影响室内效果，但是不知道该让它呈现怎样的语意，直到后来人们开始尝试用"可爱""温馨""洁净"等语言来塑造它，直至出现不同的风格订制，产生了更加符合消费者心理需求的语意形态（图10-1）。反过来，一个房间的装修特征确定之后，需要语意合适的暖气片来进行搭配。

这样看来，当我们设计所有的产品的时候必须考虑到它所要使用的语境。这里的语境并非简单的空间环境，而是包含时间、空间、文化习惯等多个因素。因此，可以说每一个产品都是一定语境中的产物，没有独立存在的产品。至于我们看到一个摄影室内白色或者黑色背景下拍摄的产品的时候，我们仿佛认为

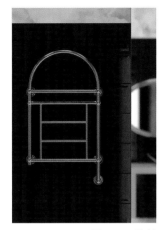

图 10-1　暖气片

图 10-2　速尔动感单车

图 10-3　健身房动感单车

它是没有语境的，但实际上当我们看到这些产品的时候本能地就为它们赋予了特定的语境。如我们看到台灯会本能地根据它的风格去想象一个家，看到手表会本能地想到一个什么样的人在什么环境下使用它。我们习惯性按照一个故事的思路去理解一个产品，这是我们非常适应的思维方式。然而许多设计师在产品设计时忽略了对语境的体验，常常粗略地想象或者总以为可以设计一个放在任何语境下都合适的产品，这是对产品设计还不够深入的表现。

又如喜欢健身的同学一定会发现动感单车的形态和其他有氧运动器械，如跑步机、椭圆机等有所不同，它多了许多运动感。这除了动感单车属于较快的运动项目工具外，还与动感单车所使用的环境不同有关系，通常情况下，动感单车是在训练室由教练引导且多人同时进行骑行的。在骑动感单车的活动中，需要呐喊，需要音乐，需要我们拥有足够的激情。在这样的使用情景下，动感单车的造型必须和使用过程的氛围形成很高的契合度。要能够促进运动还未开始，人们已经进入状态的局面。同时，对一个训练室来说，动感单车相当于该房间的家具，因此它的形态语意基本决定了房间的氛围语言。它需要营造一种热烈、充满活力和能量的气场。

因此，倘若不了解动感单车的使用环境和情景，只塑造单车本身是远远不够的。（图 10-2、图 10-3）

图 10-4 ARCO 落地灯

图 10-5 小米投影仪

10.3 体验产品语境的设计方法

　　我们可以做一些训练来加深对产品语境的理解，因为这个问题是常常被忽略的。一些设计专业的学生在学习过程中会出现这样的情况：当问到他们做的产品是给谁用的，用在什么场合或者什么情况下的时候，一部分同学表示没想过，另一部分同学表示许多情况下都可以使用（本质上是对语境认识比较模糊）。因此，通过对语境有意识的培养练习，能够使我们做的设计更具现实价值。如小米智能家居的产品系列形成了系统化设计，它们在交互理念和外观设计上都保持着一致的宗旨，从而形成了品牌独特的语意系统，营造了符合许多年轻人喜欢的生活方式的语境。

　　通过一个落地灯或一个电子产品可以推导室内其他家具的风格，主人的大致年龄、性格，甚至爱好。通过一件衣服基本可以推测出主人其他服装和包具的特征与风格，继而了解主人的性格特征（图 10-4、图 10-5）。一件物品是一个文化符号，背后支撑它的却是一个个由小到大的文化系统，从而形成复杂的语境。因此，一个产品总是无法离开一定的时间、空间、使用者的特征和状态而单独存在。这也是为什么在许多情况下强调设计师需要真正对产品有所体验再进行设计的原因之一。因为只有使用了这些产品之后，设计师才可以从这些产品的体貌中找到一种亲切感，才更加知道怎样进行更多的设计来增强这种亲切感和默契度。这些亲切感和默契度，除了使用过程的舒适程度外，视觉体验的亲切感便是产品语意学需要研究的范畴。我们需要一种我们熟悉而喜欢的符号特征来陪伴我们。

图 10-6　摄影棚

10.4　换个角度理解语境

语境在人与人的交流中指语言的环境,是对人们交流时所处的情景和状态的描述。我们知道在人的语言交流中没有一句话是凭空产生的,语言在不同的语言环境中产生相应的语意。对产品而言,也没有一个产品能够离开环境。产品的出场仿佛剧情上演一般呈现在人们的面前,尽管为了突出产品的特征,我们常看到的照片多数是在白色背景的摄影棚拍摄完成(图 10-6),但现实中并不存在没有背景的产品,每一个产品在现实中的存在都是和其所处的环境密切相关的,这里的环境包含时间、空间,以及用户的特征等因素。同时,棚拍的产品尽管有些非现实存在,但棚拍的照片所具有的语言特征则非常容易被人识别,当我们看到背景为纯色的产品照片时,便会自然想到该照片为摄影棚拍摄或者软件抠图完成的作品。语境的特性除了实体环境外,还有时间和文化氛围等因素的调控。因此,语境的存在是产品设计过程中需要不断关注的问题。

语境的形成是复杂的,但为了在设计中能够提高语境意识,我们需要从主要的方面进行思考和理解它与设计的关系,总体而言,对于语境我们可以通俗地理解为产品出现的环境和意境。

图 10-7 Technogym 产品呈现的不同设计：商用和家用跑步机

○ 10.4.1 环境

环境存在于我们生活的各个角落，不同的环境孕育着不同人的生活方式和产品的存在形式。家用跑步机和商用跑步机存在于不同的环境决定了它们必须呈现不同的语意。家用的需要轻便可折叠，给人不占用太多空间的语意，同时其品质感需要通过细节的设计来说话。商用跑步机由于使用频率高，必须呈现结实安全的语意，其语意呈现需要考虑到多个跑步机放在一起所呈现的语言表达。（图 10-7）

○ 10.4.2 意境

意境的产生常常是由于我们的情感产生了较为强烈的共鸣而引起的。由于长期的生活体验，我们对不同的环境或情景会产生相应的情感体验，这种体验继而折射到产品和它所处的环境或情景中，从而形成了意境。

1. 以环境为构成主体的意境是由它所构成的元素系统共同作用产生的

我们到一个茶室，必然习惯性地对舒缓的音乐较为容易产生共鸣，因为它们是一个语境系统。同样，在这样的语境中，也较难出现一个色彩鲜艳的茶壶，因为它会打破这份和谐的宁静。

意境常常和人的人生经历、艺术修养、文化素质有关，不同的人体会的是不同的意境。因为意境是唤醒人内心深处的那一份情感记忆，不管是童年的回忆，还是时常渴望的一种生存状态，意境能够在一定程度上和人的情感产生共鸣。对设计而言，意境是发掘能够激发人情绪的氛围，尽管这种氛围的理解是作为主体的人来完成的，但是能够把人的情绪激发出来的产品系统被赋予了一定的能动性，使人能够自然地进入一种状态。

作为意境的语境更多关注系统内部每个元素的合理配合，因为这个系统中即使出现一个元素在语意上有偏差都会影响到系统所呈现的意境。

总结一下，我们可以这样理解语境的本质：语境是产品和人交流的介质，这个介质会影响到人对产品语意的理解；产品是语境中所有元素组成的系统的一个构成部分。

在设计中，关于语境，我们要注意以下两点：

第一点，在设计构思阶段进行发散思维之后，做方案筛选就需要结合语境进行，甚至设计构思之初就应该考虑到产品的使用环境和它所服务或者创造的意境。

第二点，把语境通俗地理解为氛围更有助于我们对它的体验。当我们要选择购买一辆汽车时，我们更希望让它营造一种炫酷的氛围，还是营造一种稳重踏实的氛围或者高端大气的氛围，我们的潜意识里会有一种期待，期待想要的氛围所带来的满足感。而这样的期待便是对设计师提出的要求。尽管此时我们没有去思考到底这辆车的使用环境是什么、使用者是怎样的，但是氛围确定后随之而来的使用人群的特征和使用环境也就水到渠成了。当然，现实中的设计流程是先定位消费群体的特征和使用环境，但本质上是互相渗透的。

依然用研讨型教室作为案例，研讨型教室的桌椅采用组合式结构摆放成一个个讨论小组的形式，学生在这样的桌椅前能够实现面对面就座，而教室的墙壁等其他环境元素也相对温馨、活泼，整体呈现出鼓励积极思考、互相讨论的氛围。桌子前围坐的格局、可轻松移动和转向的椅子，都构成了环境中主动学习的气息。当学生走进这样的环境中，会自然地感觉到这不是一个以"听讲"为主的课堂。（图 10-8）

图 10-8 研讨型教室

2.以情景激发为主的意境设计，能够引起人较为强烈的情感共鸣，使人迅速进入一种精神状态

以情景激发为主的意境设计，是一种常用的手法。手机锁屏后的指纹开启键，位于手机屏幕的中下方，适合手指按到的位置，对于这个设计而言，大多数情况下，我们本能想到的只是放一个指纹的标志，而有些手机在这方面进行了用户触觉体验的设计，当手指放在具有指纹标志的开启键的位置进行轻触的同时，周围会呈现涟漪状散开的动态变化，这个细节是具有意境的，瞬间会将我们的触觉体验带入一种情景，一种能够感知屏幕和实现手指的自我感知的情景中。（图10-9）

在我们的经历中，那些经常能够引起我们情感共鸣的情景和情景中的记忆元素，如果被合理地使用，融入设计体验中，就能够形成一种很自然的意境设计语言，表达相应的语意。如图10-10的红绿灯设计采用沙漏的隐喻效果，让我们强烈地感受到了"增加与减少的过程"所带来的情感刺激，动态柱状图、充电过程表达示意图、音乐喷泉中音乐和泉水的关系表达的做法都是类似的。"动态过程"所呈现的变化能够迅速激活人们对某种情景的联想体验。如图10-11的椅子由山形靠背与透明的椅面共同构成，颇具意境的画面让人仿佛坐于山水之间，带人进入一种静态美的体验中。

图10-9 手机解锁触觉体验设计

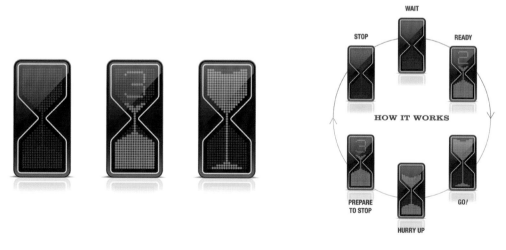

图10-10 Thanva Tivawong 沙漏红绿灯

月饼包装
案例演示

图 10-11 椅子的意境表达

图 10-12 月饼包装

　　图 10-12 是一款某公司用于员工节日福利发放的月饼包装设计，初看该月饼盒的设计是较为低调的，它没有常见月饼礼盒较大的体积，比例上所呈现的气质也是瘦高的，整个包装画面设计以中国青山绿水作为主体内容和色调，朴素简洁的包装形态和山水画的内容相得益彰。和常见的追求雍容华贵风格的大多数月饼盒有所不同，甚至看起来更像酒的包装。然而打开之后，独特的包装结构顿时让人眼前一亮，盒体与折叠结构共同形成扇面形态，扇面与山水画自然融合，成为一件具有装饰性的工艺品。扇面结构语言与山水画语言的配合运用，带人进入一种品味传统文化的情境中，形成耐人寻味的语境。

　　练习题：
　　选择一个你喜欢的产品，用勾画场景的方式设定它的语境，同时设计一个在该语境下适合出现的其他产品。

第 11 章
产品语意设计方法

11.1 产品气质修改法

该方法的特点是从产品气质的角度对产品的形态语意进行理解与设计。因为从气质的角度理解产品形态是最容易接受的角度。在这个设计方法中，我们需要通过修改气质的手法把生活中遇到的普通产品进行再次设计，从而实现语意的新活力。该方法主要注意以下四点。

○ 11.1.1 选取产品的特点

1. 消费者对该产品的印象；

2. 消费者对该产品的关注度；

3. 消费者对该产品的思维定势；

4. 消费者对该产品的使用习惯；

5. 该产品使用的环境；

6. 该产品具有的优点和缺点。

○ 11.1.2 气质修改法需要注意的误区

运用气质修改法的目的在于通过细节的推敲、比例的调整等手段修改产品的气质，而非大动干戈地改造产品原来的面貌，因为后者很容易出现无法识别该产品的结果。

○ 11.1.3 气质修改法对产品开发的意义

如对于企业的产品形象而言，更多的品牌希望自己的商品系列化或者家族化，即同一品牌的产品在形象方面具有类似性或者具有共同的元素，从而使产品品牌具有更强的宣传力。而这些不同的产品虽然能够被识别是同一家族的产品，即同一品牌，但是仍存在着各自的特性气质。同时，对于同款产品的更新升级设计而言，气质修改设计具有更加明显的效果。

○ 11.1.4 气质修改法三个步骤

第一步寻找视觉中心；第二步寻找产品可能联想的人的部位，如面孔、肢体、体形等特征，然后就其不同位置进行关键点与次关键点的修改；第三步整体协调，兼顾形态的统一性。

如路虎"第四代发现"相较于"第三代发现"在造型上只调整了细节，但是气质变化非常大，其中起着关键作用的是进气栅的修改，这几乎让"第四代发现"改头换面。"第四代发现"进气栅一改大多数品牌汽车常用的横线与竖线的排列方式，采用了颇具质感的复杂格纹肌理，使整辆车的气质令人眼前一亮。（图 11-1）

在这里，虽然进气栅的面积并不算大，却是车头部位的视觉中心，对产品的气质起到了决定性的作用。这里的进气栅很容易让人联想到嘴、牙齿等类似人的特征造型，因此，进气栅的精致化处理很容易让人联想到气质的独特性。

而图 11-2 右侧的图则是把"第四代发现"的进气栅用 Photoshop 转移到"第三代发现"上（只是未采用"第四代发现"的倒梯形），对比一下"原来"的"第三代发现"，可以发现气质也变化了许多。

综上所述，气质修改练习可以从两方面进行：一是可以进行同一品牌产品升级换代时的气质修改；二是对生活中的产品进行创意设计，以改变生活乐趣、提高生活感受为目的。

图 11-1 路虎"发现"系列产品升级前后气质变化对比

图 11-2 路虎"第三代发现"气质修改实验

图 11-3 视觉中心的改变实验

11.2 以生活中常见产品为主的气质修改案例：茶杯与茶托的气质修改

图 11-3 中右边茶杯和底座的创意是茶杯放在那里激起涟漪的体验。发散的底座形态成了视觉焦点，也成了气质的主导元素，使整套产品活泼生动。

经过调查分析发现，饮茶通常需要一种非常宁静的内心体验和饮茶环境，只有在这样的环境下人的五官才更加灵敏，更能体验到茶中的意境。在嘈杂的人群里，或者忙碌烦躁的工作状态下，抑或快节奏的生活过程中，我们几乎无法静下心来发现一片落叶的美丽，一朵花蕾的开放，一滴水珠下落的清脆声……这些感受都必须出现在一个合适的环境和心情中。因此，饮茶需要舒适恬淡的状态，而这种状态对茶具的心理需求就会更加明显。

我们先来看一个普通的茶具。怎样去修改它才可以出现适合饮茶环境和饮茶者的情绪呢？

首先我们来观察杯子的形态气质，图 11-3 左侧的杯子形态特征非常鲜明，几乎都是轴心对称的状态，整体气质稳重、安静、淡雅，但是缺乏一些生气。

因此，我们需要寻找修改形态气质的突破口。可以从以下几个步骤进行：

○ 11.2.1 寻找视觉中心

可以发现现有的形态视觉中心相对不明显，产品缺乏张力。"面部"相对集中在杯口的位置，其表情与产品整体气质均较为平淡。因此，需要设计出一个具有明确特点的视觉中心，抑或修改面部表情，或者将面部表情以外的部分加强，以便降低人们对面部表情的关注，甚至可以理解为改变"面部"的位置。表情是气质的构成部分，而视觉中心的表情塑造决定着气质的形成。因此，视觉中心的寻找是气质塑造的第一步。（产品表情与气质相关知识请参看第八章内容）

○ 11.2.2 对视觉中心进行强化性塑造

该案例的视觉中心相对模糊，因此接下来需要让某些具有潜力的形态部位肩负起视觉中心的责任，这需要对其进行强化性塑造。

当我把这个题目布置给同学们的时候，发现这是一个很难的练习，因为修改产品的气质与创造全新的气质是两回事，后者相对容易，但失去了对形态气质进行深入体验的练习目的。

有的同学修改了杯口表情，如加上花边，发现基本失去了修改的意义，杯子完全变成了另外一种气质。这就犹如通过化妆把一个人的面孔塑造成和其性格完全不同的风格，而我们所期待的是利用化妆技术使之气质能够呈现其性格中的优点。

有的同学虽然做了视觉中心的确定和气质调整，但是产生了一种并不亲切的结果，这也失去了气质修改练习的意义。还有的同学在修改气质的同时虽然没有失去茶杯原来的"容貌"，但是新表情和气质缺少意境，依旧平庸。因此，塑造既不失去原来的形象，又具有新意的气质是非常难的。

图 11-3 中右图的手法没有修改处于第一视觉中心的杯子，而是修改了第二视觉主体的托盘，托盘出现了涟漪的效果，顿时整个形态变得活泼有生气，甚至托盘有成为第一视觉中心的效果。这样的小改动却大大改变了产品的气质。

杯垫—涟漪

○ 11.2.3 调整比例与线条，进行整体气质塑造

在视觉中心形成之后，需要调整产品局部之间的形态关系，使之呈现希望的气质语意。这个环节可以调节杯体的比例、曲线，以便和托盘的气质融为一体，因为经过修改后，托盘成为新的视觉中心，主导了整个产品的气质。（学生可自行思考，此处不再展示例图）

○ 11.2.4 调整细节特征，控制气质走势

最后阶段需要调整细节，因为它们对气质同样具有较多贡献，如杯子的厚薄程度、涟漪的振幅等均对产品气质具有影响作用。

同样的道理，我们也可以从设计师余响的音响设计中发现一些规律：这款音响设计侧面的旋转反光为产品增添了不少高端气质。这是由于从某些角度看，它占据了一定视觉中心的位置，对比一下，倘若缺少这样的质感表现，则产品会比原来缺少许多活力。（图 11-4、图 11-5）

11.3 激励语言设计法

激励语言设计法是一种具有情感激发作用的反馈设计，这类似学习过程的鼓励。人和产品的交流，就像人和人的交流过程一样，怎样才能具有继续交流下去的欲望，以及怎样的交流更加舒适，在这样的过程中，鼓励和肯定是一种很好的交流方式。而对产品而言，通过鼓励和肯定提高产品的使用愉悦感是非常重要的。

就激励语言设计而言，与常规的设计反馈不同的是，它可以理解为人和产品的交流过程中的一种鼓励，本质上也是一种反馈，只不过这种反馈更多的作用在于激发用户继续使用的热情。然而激励需要从哪些方面进行设计，是一个需要归纳和思考的问题，通常可以从成就感、好奇心、归属感、乐趣提供四个方面去进行创意。

激励性设计语言的使用是基于设计需求的一种表达方式，它的目的在于提高用户的使用兴奋度，是一种融入使用过程的设计。

这样的设计在儿童学习产品中是最为常见的，不管是学习外语还是学习绘画的 App 均具有这样的特征，儿童每一次进步学习产品都会给适当的反馈，甚至是奖励。即使是实体产品也会有各种各样的激励措施，如常见的儿童点按动物图形而产生动物声音的玩具，通过不同动物的声音激励儿童与其互动。

跑步机的激励措施如通过模拟地图显示跑步的里程等做法都能够很好地激励用户与产品产生互动。同时，针对运动激励的 App 同样通过各种方式可提高人们的运动热情，朋友圈好友运动排名、里程反馈、卡路里消耗等手法均为跑步者运动激励而服务。依此逻辑产生大量的健身与健康类智能产品，如智能瑜伽垫、智能跳绳等。但该做法实施的同时需要考虑用户对信息的接受程度，过多的信息不仅不能成为用户的激励措施，还会引起用户的烦躁，未必是理想的做法。

赵磊同学通过设计调整哑铃两端的结构，让哑铃使用过程中两端的旋转结构对哑铃上下运动特征的"感知"，实现真实的"旋转"带来的乐趣，从而激励用户坚持运动。（图 11-6）

图 11-4 音响设计

图 11-5 音响气质修改实验

图 11-6 具有激励性质的哑铃

11.4 在经历中寻找共鸣

每个人的经历中都有一些非常值得回忆的东西，回忆的本质是在回忆一些符号所带来的记忆，不管是一些事情，还是一些人或者物品，都以符号的形式呈现在人的面前，给人带来各种情感。回忆的过程是一个符号激发人的情绪的过程。因此，从回忆中寻找设计语言，将那些真正打动我们回忆中的元素符号用设计的手法赋予在产品上，形成具有回忆性的设计语言，可以引发我们的情感共鸣，实现产品语意的价值。

因此，在语意设计手法中可以采用从经历中寻找符号的方法。该方法的过程如下：

1. 罗列回忆中那些引起我们情绪变化的事物。或者喜悦，或者痛苦，或者无奈……当回忆产生的时候我们总能因为那些过去的事物产生各种感情。因此，第一步需要把值得回忆的东西罗列出来。

2. 抽象形态。把这些事物的特征抽象出来，转而形成设计形态语言赋予到产品上，从而使人看到产品就能联想到经历中那些值得回忆的事物。

3. 情感点的强调。根据所要表达的情感语言，强调关键点，即对形态共鸣最多的部分进行强调。

丹麦设计师 Hans Wegner 利用中国元素塑造了一些既有现代感，又透露着亲切语意的中国椅（图 11-7）。尽管设计师是外国人，这样的设计也受到中国人的喜欢。因为在生活中，我们对圈椅是非常熟悉的，当圈椅的气质出现在 Wegner 的设计中时很容易激发我们的情绪，椅子在无形中变得很亲切。

韩国设计师 Tsunho Wang 设计的竹蜻蜓照相机把我们小时候玩过的竹蜻蜓元素加以利用，当蜻蜓飞起来时，就可以高空拍照了。竹蜻蜓是我们小时候常玩的玩具，因此人和产品的心理距离被拉近了许多。经历中符号的重现所呈现的语意给消费者带来新的情感体验。

像磁铁一样的吸盘和磁铁的磁力印象（一种抽象的体验性符号）结合在一起，把"吸"这种抽象体验和磁铁很好地结合，利用磁铁"吸"的语意特性，Tsunho Wang 的这一设计激发了消费者的情绪，除了磁铁本身的磁性外，磁铁也是我们记忆中再熟悉不过的产品。（图 11-8）

图 11-7 中国椅

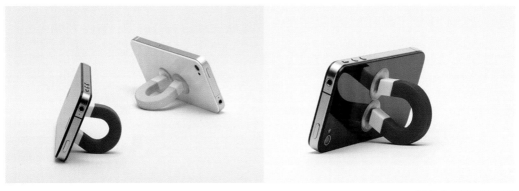

图 11-8　磁铁造型的吸盘

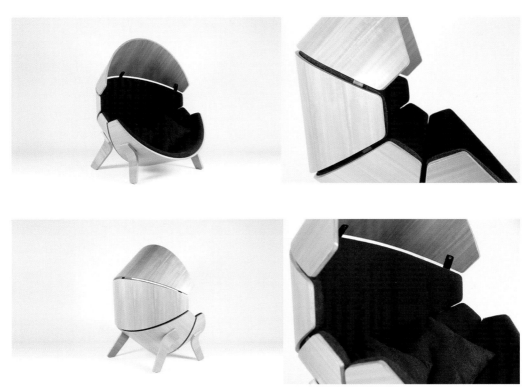

图 11-9　小推车椅子

　　小推车的回忆，孩子们喜欢的椅子，当孩子们坐在这样的椅子中，自然会产生一种亲切感，因为这是他们经历中的一种温暖感的再现。（图 11-9）

　　在中国海洋大学的产品语意学课堂上，同学们做了如下一些发散性思维设计练习。

　　打火机是我们非常熟悉的产品，这是一个陪伴我们长大的符号，即使对烟的厌恶也不会转嫁到它的身上，因为我们喜欢听它开启的声音，我们甚至喜欢把它打开再扣上，整个过程中发出的响声，成了我们记忆中非常有趣的符号，这些符号所散发的语意是无限的乐趣和对童年的回忆。因此，把它们提炼出来，设计成新的产品，新产品则在诞生之初，就已经赢得了人们对它的好感。

　　马宝驹同学使用打火机符号设计了牙签筒，它具有非常美妙的使用过程，像开启打火机那样开启它，就可以弹出一支牙签。在这个设计中，牙签带给人的语意体验是打火机事先做出的贡献。

　　以下的创意是以"旋转的童年"这种抽象符号所承载的语意为主题所引发的设计。陀螺、悠悠球，这些童年的玩具给我们无限的遐想，其中旋转作为一种符号印象，形成了特殊的情感语意，因此把这种旋转符号所带来的语意发掘出来，设计到新的产品中去，能够让人产生许多的情感共鸣。孙学峰同学将"旋转"的情感语意运用到转笔刀的设计中产生新的使用体验。

风车几乎是所有人的童年经历，人们对它的记忆是从很小的时候就开始的，因此风车的元素符号所表达的语意是一种对童年的回忆，它的亲切感是不言而喻的。尽管这个符号在广告、影视剧、公共环境、产品设计中已经被用了无数次，但并没有让人感到麻木。谭周同学设计的坚果果盘使用该元素，让吃零食都带着童年的回味。（图11-10）

曾兆麟同学回想起了曾经使用过的游戏手柄界面，于是把童年经历中的它转化到了餐盘设计中，形成了一个具有游戏手柄印象的餐盘，相信许多同龄人看到后会很自然地回忆起童年快乐的时光。（图11-11）

综合来看，其实这些设计本质上都是一个对过往元素符号进行抽象再利用的过程，使设计的产品在它诞生之前就已经有其他让人更为熟悉和亲切的元素在人的内心做了铺垫。

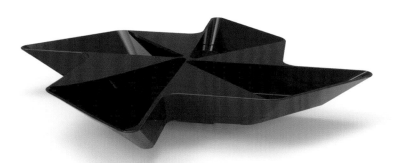

图 11-10 风车果盘

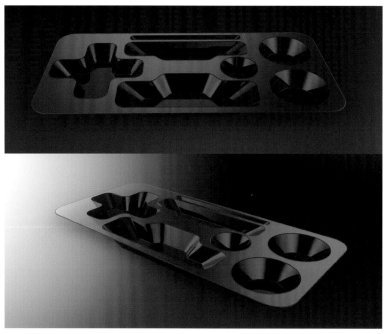

图 11-11 游戏手柄餐盘

11.5 符合人体工学的语意设计

形式与功能的讨论在设计史上不断进行，甚至到现在也没有定论。然而并非所有产品都涉及这个问题，有些产品能够将形式与功能很好地结合在一起。

因此，对于符合人体工学的产品设计练习是非常有意思的。

这主要体现在两个方面：

1. 具有功能指示性的产品语意形态设计

指示性语意的介绍在前面的章节有所描述。

2. 使用过程的情感特性与操作过程舒适性的融合

我们见过的许多家具设计，如椅子就常常具有这样的特点。椅子符合人体结构的靠背设计，形态本身具有流动性，显得比较活泼。其柔软舒适的质感，带给人看着舒适，坐着也舒服的体验。

图 11-12 头等舱沙发的风格沿用了头等舱座椅的特征，浑身上下无一棱角，皮或者布的材质都非常柔软，让人看上去和坐上去都感觉放松舒适。

图 11-12 头等舱沙发

伊姆斯设计的大班椅不仅符合人体的肢体结构，而且用非常合理的方式给人视觉上"软"的语意。大班椅不同材质的对比使皮面相当柔和，同时底部和侧面的"包围"形态让人感到一种"怀抱的温暖"，因此形态材质语言的运用和人体工学特性结合得非常贴切，让我们看了就会觉得坐上去很舒服。（图 11-13）

在这里，柔软的皮面在我们的记忆中早已存在，"被怀抱"的温暖印象也早就成为一种感受性记忆符号存在于我们的大脑里，当这些符号被激发出来的时候，形成了同样具有表现力的语意。

图 11-13 大班椅

图 11-14 色彩产生的活泼感与稳重感

又如我们能够看到一些较为稳定的设备的色彩常常被设计为上浅下深，这同样是一种从人体工学角度出发进行的色彩语言设计，深色将视觉重心拉低后产品会呈现更好的稳定语意。生活中比较容易感受到这种语意的是服装的搭配，上深下浅的搭配容易呈现活泼感，而上浅下深的搭配容易体现稳重感，诸如面试这样的活动大多数情况下是不适合穿成上深下浅的。（图 11-14）

著名的 PH5 灯不仅形式简洁优雅，而且也是注重人体工学的典范。设计者把产品的形式和人体工学进行了很好的结合，使用者不论从哪个角度都无法直接看到光源，可有效地避免眩光问题。

因此，产品的语意呈现与人体工学密切地结合是问题的关键。倘若一个产品看上去好用，用起来也好用的话是非常受人欢迎的。当然每一个产品都有它各自的特征，除了好用之外还需有其他的良好性能。产品外观设计若能很好地配合这些产品的性能，符合人体结构、人体尺寸、操作习惯等人体工学要求，同时它的语意表达能够让人产生好用易用的感受，则会是一个相对完美的设计。

在现实中的许多情况下这是可以做到的。因为在人的经历中，已经把那些符合人体工学的形态，转化成了一种具有审美特征的符号印象，这些带给我们舒适感的符号，能够引导人们对美的理解。

11.6 其他感官激发性语意的设计

对产品的触觉、味觉等感受在产品设计中起着十分关键的作用。由于生活的经历，我们对许多产品都有直观的感受，仅仅通过视觉体验，我们就能从金属质感中感受到冰冷，从沙发中感受到柔软。这是由于人的经历对产品的触觉体验转化成了一种符号，这种符号和视觉发生了融合，形成了"视触觉"符号，于是我们有了类似文学作品中通感的体验。因此，产品视触觉语意的设计可以丰富产品的情感特性，增进和人的沟通。

在这里进行的练习内容和前面所述的功能暗示性语意设计有所不同的是，这里的练习更侧重人的情感体验，如一款沙发在我们还没有坐下去就已经感受到了它的柔软与温暖的时候，这款沙发是具有亲和力的。因此，通过对质感等细节进行深层次发掘的角度设计产品所期望的情感特性是非常有意义的。

○ 11.6.1 专题训练：食物意象

我们对食物的体验是综合的，包括色、香、味，食物给人的视觉感受是十分重要的，也是非常直观的，因为食物是我们人生里最重要的体验形式之一，因此把对食物的体验抽象成一种符号，将这种符号印象转移到其他设计中，将会赋予产品新的语意，当然这种语意是有目的性的，如塑造柔软感、温暖感等。因此本次练习的目的在于发掘食物意象给其他产品带来的更具传达性的语意。

食物不同于其他产品，它能够激发人们更多的感官体验，使视觉、触觉、味觉在大脑中得到充分的交汇。而在这些感官的综合作用下形成的意象符号是深刻而较难形容的，但是可以将这种感受在设计产品时通过产品的造型、色彩、材质表达出来，这种表达方式可以给我们对食物的热烈感受提供一个表达渠道，同时能够为新产品带来原本已经被人接受的习惯性语言。

刘馨同学设计的柠檬加湿器把柠檬带给人的清凉舒爽感都通过加湿器表达出来，这里产品所呈现的语意是柠檬和加湿器的共同语言。使用这样的加湿器，当水雾从加湿器喷出的时候，会让人觉得它带着柠檬味，带有一种水果的亲切体验。（图11-15）

在此，柠檬具有的视觉、味觉甚至触觉体验产生的符号意象轻松地通过加湿器得以表达，加湿器一"出生"便具有了柠檬的语言，而这些语言是可以增加它在消费者心中的好感的。

戴鹭琳同学设计的雪糕凳把雪糕具有的柔软且清凉的符号意象通过家具呈现了出来。这是一种很刺激的视觉感受，因为通常柔软所承载的情感是温暖，而这里柔软和冰冷融合在了一起，可以激发人们坐在雪地上的回忆，同时，雪糕的圆润造型也可以让人感受到它的口感。各种语意的共同作用，雪糕、雪地及新凳子，这些元素融合在一起，它所产生的语意是新鲜而复杂的，人们对它的解读会更加丰富且有趣，因此，这样的设计非常具有活力。（图11-16、图11-17）

图 11-15 柠檬加湿器

图 11-16 雪糕凳子1

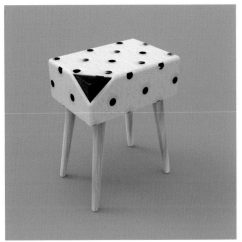

图 11-17 雪糕凳子2

罗嘉怡同学设计的豆荚调料瓶组合，将我们剥豆荚的经历做了新的诠释，每拿起一个调料瓶都可以有种取出一颗豆子的感觉，这个动作在我们思维的先前体验中已经凝练成一种记忆符号，因此每个调料瓶都因为豆子这种"前世"所具有的美好语意而变得更加可爱。（图11-18、图11-19）

龙婷同学设计的盘子貌似已经盛放了蛋黄，又貌似整体是一个煎蛋，这样的新鲜体验让人忘记了思考它究竟盛放什么比较合适，也许它本身不需要考究盛放的内容，因为在盛放之前已经饱含想说的话语，只要你喜欢它或者可以感受到它那暖暖而单纯的面孔，盛什么、放什么也就顺其自然了。在这里，一件器物就是一个需要去想象的故事、一首安静的小曲，已经不需要去讨论功能与形式之间谁决定谁的问题，因为这样的语意设计属于个性消费类产品。（图11-20）

○ 11.6.2 专题训练：产品触觉修改设计

触觉是我们经常忽视的语意体验之一。在使用产品时我们经常会情不自禁地进行触摸，如在钢笔的设计中，手握的部分设计师常常会使用软硬材料相结合的手法，这是由于不同的手感对笔而言是非常重要的。即使在触屏产品的屏幕操作中，我们也会默默地体验那种视觉的肌理产生的触觉联想，如温度、舒适度，一个看起来柔软的图标和一个看起来较硬的图标给我们的感受是不同的，而近些年流行的扁平化图标则是通过图标特征引导人们在触觉体验中忽略"按"的过程，由于其没有厚度的形态让人的注意力转向"触"与"碰"，即碰一下就会有反应，继而从"反

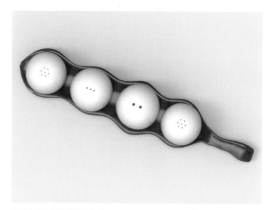

图 11-18 调料瓶组合 1

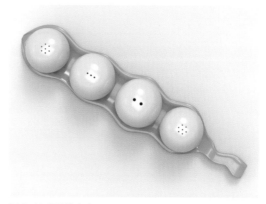

图 11-19 调料瓶组合 2

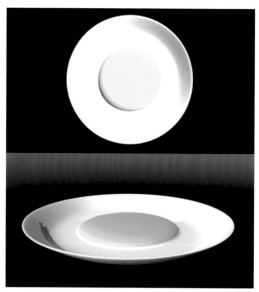

图 11-20 蛋黄盘子

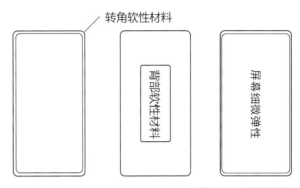

转角软性材料

背部软性材料

屏幕细微弹性

图 11-21 手机触觉设计

应速度"的角度诠释了触觉体验。触觉和视触觉我们并不陌生，看一下便能体验到事物的软硬、冷热，似乎这是每个人拥有的能力。这是由于触觉体验让人们在头脑中对产品的特征进行了语意描述，并且这种描述是通过人可能体验到的感官进行综合判断的。然而，由于触觉与视触觉设计常常关注人的细微感受，其常常被轻视。随着消费者对产品品质的要求逐年提升，合理地利用触觉体验对产品进行更加完善的设计逐渐被人们重视，触觉设计逐渐成为产品品质的重要影响因素之一，它能够为产品带来更加丰富的使用感受，从而在很大程度上提高产品的品质。

触觉设计常常体现在产品的细节修改中，而非大刀阔斧地修改整体设计。几年前，在课堂练习中，同学们从"软和硬"触觉体验的角度对现有手机进行了细节设计修改，大家在不断体验和回忆对手机的使用感受后提出了一些自己的想法：如有的同学将手机的四个角设计了软质材料，不仅为不小心滑落时做好缓冲，同时握在手里的体验是较为舒适的；另有同学将手机背后增加了一片软性薄层，目的是将其放置在桌面时减少手机和桌面的摩擦并提高手机的手感；还有一些同学将手机的屏幕设计成手按下去有细微弹性的材料质感，这样的目的是增加手指和屏幕接触的亲切感。这些头脑风暴练习貌似都是一些不成熟的想法，然而经过几年的发展，从现实中的手机贴膜或者手机壳的更新换代产品中可以发现，部分新特征和同学们先前进行的设计创意是相同的。触觉设计练习能够使设计师更加注重产品细节方面的体验设计，满足人们对高品质产品的期待。（图 11-21）

因此，在产品升级换代的过程中，对用户而言，细节体验设计的提升对产品品质的影响至关重要。

作业练习安排规划表：合理安排作业练习步骤和所需用到的方法、材料，掌握课程前后联系，自觉运用所学方法和程序规划自己的设计与制作。

步骤	详细说明	时间安排	方法	材料	自我检查与总结	教师检查	备注
方案立项	选择自己熟悉的产品，对其进行触觉体验修改	2 课时					
方案实施	选择自己熟悉的产品并反复使用，记录使用体验，同时调查其他用户对该产品的使用体验	2 课时	讨论、头脑风暴				
	对产品触觉体验进行创意设计，分组进行讨论，并绘制草图	课下2 天	草图绘制	PPT			
	学生展示、教师点评与作品修改	4 课时	二次头脑风暴	计算机			
	作品电子版制作与交流（如微信、电子杂志等）	课下制作	电子版制作				

11.7 语意氛围调节剂

　　一个产品或者一个产品系统，总能营造一定的氛围，这个氛围是该产品系统的整体语意呈现，犹如一个房间，或安静简约，或复古深沉，或优雅华贵，或欢腾热烈……房间里的每样陈设都需要一个基调来呈现一定的韵律，而房间里起到氛围调节作用的产品却不可忽视，因为它的语意可以把整个房间带到一个无限遐想的氛围中去。但是哪些元素起到氛围调节作用呢？它可能是沙发，也可能是电视墙，还可能是其中某个壁挂或者摆件等。这与这些产品所占据的位置及它的色彩材质等是否能成为真正意义上的视觉中心或者风格焦点有关系。一个平淡无奇的房间布置，也许只要增加一个风格突出的摆件就能够调节整个房间的氛围，这类似画龙点睛的作用。

　　在图 11-22 的室内设计中，我们可以发现椅子对语意气氛的调节起到了多么关键的作用。当我们用 PS 把椅子修改成盆栽来对比一下，可以发现室内少了许多文艺气息。

　　同样的道理，对一个产品而言，某一个局部就可以带动产品的整个氛围。因此，对于氛围调节剂这样的产品或者产品局部（对单一产品来说），我们要特别对待。

　　图 11-23 是保时捷的一款车，我们单看后部设计中的 PORSCHE 金属字就使整个尾部增加了许多高端感和技术感。这几个字可以起到语意氛围调节的作用（请对比一下用 Photoshop 把这几个字母去掉的效果）。结合前面章节所介绍的产品"面孔"等理论，可以发现，对语意氛围起调节作用的元素需要格外注意。因此可以将一个产品经过修改而增强或者改变它的语意氛围，从而获得新的活力。

图 11-22 产品氛围实验

图 11-23 汽车尾部造型氛围修改实验

11.8 表达意境的设计方法

意境的塑造对设计的要求较高,因为意境通常是一种无法具体描述,但又能引起用户情感共鸣的境界。意境多用于艺术创作,继而在设计中逐渐被使用。由于意境通常需要使人进入一种情感状态,因此,对意境的要求较高,或者可以理解为,意境的出现常常需要一个语意表达系统,系统共同构成一种能够引发人情感体验的境界。

意境的表达常常能够实现一种语境状态,因此常常需要许多元素共同完成。而某些时候,一件物品或者一个事物也常常能够带人进入某种精神状态,实现处于某种情境中的效果。对这些产品而言,意境此时又可以理解为一种语意的呈现。因此,意境更多的是一种语境表达,同时在某些情况下也用作对语意的描述。

在视觉传达设计、环境设计中,对意境的处理是设计师十分关注的问题,视觉传达设计中继承了绘画的意境表达手法,将艺术与设计紧密地结合起来,形成独特的设计语言。环境设计常常利用对空间的处理使人沉浸其中,自然地感受其中的意境。

如建筑大师贝聿铭设计的苏州博物馆,其中的景观墙采用石头塑造,呈现出层叠的山峦景象,与墙边的池水交相辉映,如诗如画(图 11-24)。产品设计需要从使用环境和用户文化层次、性格特征、生活方式等角度对其进行深入分析与研究,继而塑造能够在使用过程中感动用户的产品。

人丰富的情感能够被一件物品引发进入一种想象、一种回忆中,出现暂时停留在某种情绪之中的情况,如"触景生情""睹物思人"等成语都描述了类似的情况。同时,由于每个人发生感动的"点"有所不同,意境并非能够出现在所有产品的设计中,相比之下,对文化类产品的意境设计相对容易,这是由于大多数人在成长的过程,所经历的有关审美的活动与文化类产品更容易产生共鸣,从而更容易激发其联想、想象等思维形式。而意境产生的本质和人对自然、对生活的理解有关,因此,不同的人对意境的理解具有差异性,意境的设计需要有针对地对用户进行调查与分析。意境设计所

图 11-24 苏州博物馆景观墙

使用的语言需要发掘人内心深处那份珍藏的感受和记忆，否则会出现语意传播过程中，编码和解码分离的结果，影响设计效果。

然而，对于设计师而言，如何通过产品的意境设计表达产品丰富的语意是十分必要的，意境的设计可以从以下几个方面进行：

○ 11.8.1 从自然世界和生活中寻找意境语言的构成元素，凝练形态语言

观察自然和生活中那些令我们感动的事物，经常记录那些感动瞬间，将其提炼成设计语言，继而转化到产品设计中，表达相应的意境，是较好的语意设计训练方法。

在草地上休闲甚至聚餐的经历常常带给人美好的回忆，将这些美好的回忆凝练成设计语言，转化到餐桌上，或者生活用品中。能够带给人自然联想和回忆的产品常常在适合的语境中塑造一定的意境，如面对草坪的瞬间、脚踩在草上的感觉都可以让我们暂时将思维凝固在对大自然的美好回忆中，让我们瞬间获得一种感动。基于对自然和生活的热爱及美好的体验，抓住自然和生活带给我们的感动，将其凝练成设计语言，是设计师塑造意境语意常用的方法。

山水等自然物带给人类无穷尽的灵感和感动。中外艺术家、设计师都充分发挥了自己对自然的解读，图 11-25 是以表达植物意境为出发点的设计作品，在独特的语境中，实现了自然特有的语意。

图 11-25 自然风格的产品

图 11-26 灯光杯

图 11-27 花盆

　　图 11-26 灯光杯是 Jin-woog Koo 和 Bo-hyung Kim 两位设计师设计的作品。安静的夜里感受自然的温暖，灯光杯更多地用灯的设计语言表达自然的意境。亦山亦水的抽象自然形态在灯光的照射下实现虚实相间、远近结合的效果，带给人无限的遐想。山水加灯光构成的形态语言让人的思维超越了产品本身，暂时融入一种对自然的体验之中。灯光杯的语意超越了灯和杯所具有的外延层面，在内涵层面转换成一场回忆、一次超越时空之旅，塑造了独特的意境。

　　仲伟同学设计的花盆将画框的元素融入其中，实现了虚实相间，隔窗看物的效果，植物自然地呈现出剪影抑或盆景的效果，不知不觉将人的视野和情绪凝固在一种回味中，画框内的虚空间可以任由想象力进行补充，对意境的塑造自然而流畅。（图 11-27 ）

○ 11.8.2 寻找事物运转的过程语言所产生的意境

　　沙漏之所以始终被人喜爱，是由于沙在流动的过程形成了一种意境，这个过程能带给我们许多思绪的变化，不管是联想到时间的流逝，还是回忆起风吹沙雾，抑或划过手指的流沙，总之它能带我们进入一种思维的暂时空间，让情绪暂停在某个瞬间，从而产生意境（图11-28）。此外，意境必须是在适宜的情景中才能够产生，人在嘈杂的环境中往往较难将自己的情绪转向意境语言所创造的"画面"之中。

　　事物的"运转过程"常常会带给我们许多想象，和沙漏中沙子下落的过程类似的原理，如齿轮的转动、旋转的水花、水滴下落激起的涟漪，都能够成为意境设计的构成语言。

　　如高技术风格时期罗维设计的收音机采用透明外壳，内部的运转过程清晰可见，虽然是为了彰显技术的进步，但在美学上也表现了收音机工作过程所呈现的意境之美。

　　又如机械表有意呈现了齿轮的运转过程，其呈现的这种运动的"过程"语言，依然可以带给人"时间流逝""怀旧"等语意体验，实现意境的塑造。（图11-29）

图 11-28 沙漏

图 11-29 机械表

佐腾大设计的吊灯花洒，将灯光和水很好地融合起来，打开花洒，随着水的下落，仿佛光也随之流下，这个过程带给人的感动，仿佛无法用语言来表达，是一种温暖的体验，也是对自然的感叹，或者浮现更多岁月流转的画面……意境通过水流动的过程得以实现。（图 11-30）

冰块灯是我们熟悉的北欧设计师 Harri Koskinen 的经典作品。灯的"暖"与冰块"冷"的结合仿佛激起人内心的五味杂陈，在各种情绪中去感受它的温度（图 11-31）。

总体而言，意境设计更多的目的是通过产品或者产品系统将人的情绪带入一种情景之中，实现暂时的凝固，它需要不同的设计语言来实现这一目的，而"令人感动"的构成语言的寻找和塑造，是在设计过程中需要完成的基本环节，在感动的基础上为人的情绪创造一种美好的状态。

○ 11.8.3 提炼抽象语汇，塑造相关境界

塑造意境可以从抽象的意境词汇开始，如以"静"为主题进行创作，设计师可以就"安静""静谧""恬静"等"静"相关的意境展开意象发散，将有关的意象进行有机的结合，形成一个意境系统，即产生一个意境语境，其中每个产品都具有相关的语意，以共同实现期待的语境。

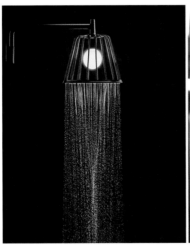

图 11-30 吊灯花洒

图 11-31 冰块灯

另外，设计师也可以从对家乡或者自己熟悉之地的印象开始，寻找能够描述该地特征的抽象词汇，继而塑造能引起家乡人共鸣的语意和语境，实现意境的设计。

练习1
寻找"看着就好用"或者"看着就舒适"的产品。
练习2
分析一个产品语意调节的部位，然后将其修改，从而带动整个产品的语意氛围和语意表达。

12

设计语言使用专题

12.1 产品的"用户精力规划"语言

我们都有这样的体会，与人交谈时，倘若对方告诉我们一堆信息，但实际上我们只能捕捉到其中的一部分，而其他内容就成为干扰因素，或者可有可无。在产品设计中，存在同样的问题，设计师通过设计作品为用户提供信息，倘若信息过多，信息之间互相干扰，分散了用户精力，就会造成信息接收者心理疲劳，反倒会影响信息传递效果。这对平面设计与 UI 设计而言，常常是非常明显的。

在产品"告诉"人们自己的特征，"教"会人们去使用它的时候，它的语言表达是需要符合人们的注意习惯的。这犹如人与人聊天时，当聊天结束时，听者常常只能捕捉到一部分对他们来说重要或者是引起注意的内容。如自我介绍时，一口气把自己的情况说完之后，对方也许会问：对不起，能再重复一下您的名字吗？同样的道理，如果不能合理地规划信息语言的呈现，用户也会出现疲劳度增加的情况，这个过程不仅是心理疲劳，也存在功能上的使用疲劳。因此，对用户的精力分布进行分析与引导，实现精力规划，能够较好地改善用户的使用体验。

○ 12.1.1 使用引导性语言对"精力分布"进行规划

在内容有主次的情况下，合理的精力分配引导对用户是有帮助的，这能够在一定程度上降低他们的疲劳度。

如果是同样的信息，图 12-1 左图的排布没有对人的精力分配进行引导，用户在并不知主次的情况下从左看到右，从上看到下，精力是分散的，这样的方式对捕捉重要信息是缺少帮助的，而对平行信息的获取顺序是明确的。倘若所提供的信息并非主次相当，用户比较容易产生疲劳的。

图 12-1 右图通过单元内容面积的大小对人的视觉精力进行了主次引导，引导式"告诉"人先从面积大的看起。洗衣机的按钮信息较多，但因为条理清晰，不会引起烦躁。诺曼把过多的反馈形容为指手画脚的人，令人讨厌。产品和人交流的过程本质上是一个信息交流的过程，因此，过多的信息会呈现让人无所适从的语意。传统的遥控器是复杂的，甚至许多功能性按键是重复出现的，过多的信息聚集在一定尺寸的遥控器上，不仅减小了每一个按键的大小，使用户在使用时会出现同时按住两个按键的情况，而且出现关键按键表达不清晰的现象，这仿佛人与人交谈时一件简单的事情啰嗦半天或者同样的内容重复表达。实际上，大量用户在使用传统遥控器时只是使用其中部分内容，大多数按键是没有被使用的。而新型电视遥控器及电视盒子的遥控器则干净利落地对其功能进行了规划，按键数量简化到极低，表达方式快捷清晰，不仅缩小了遥控器的整体尺寸，也使用户操作更加简单。复杂的遥控器会传递出"啰嗦、絮叨"的语意，而简洁版遥控器能够传递出"干脆、干练"的语意。

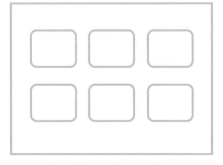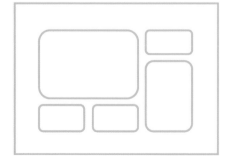

图 12-1 精力分布与版面（界面）设计

随着技术的成熟及一些从前属于技术型事物的普及，许多专业性的软件逐渐走进大众的生活。如手机拍照技术的发展与修图的普及，使大众有机会修改自己的照片甚至做简单的平面设计，而大众对这些原本是设计类专业需要完成的事情开始自行完成，这逐步推升了一些修图软件（或者App）的诞生，他们将 Photoshop 的一些功能进行了凝练，对许多功能实现了一键完成，最大限度地降低了过多功能带给人的困扰，使用户将注意力集中在主要功能与常用功能上。

同样的道理，减少注意力的分散成为技术进步后设计的重要环节。"一键操作"成为继"全自动"后更加人性化的设计体验。慢快门摄影这种极其复杂的摄影技术在手机上则用"流光快门"轻松解决，只要有三脚架，就能够轻松地拍出美妙的星轨、丝绸一般的流水及夜间划过的汽车。

这里的设计方法是"集成"，而设计语言则是"轻松"，为用户提供以"轻松"为关键词的语言成为这类设计的核心。然而，集成并非只依靠技术来解决，也可以在设计时充分考虑到用户的使用感受，不断"告诉"用户怎样使用最简单即可。

在信息表达中，要注意以下几个问题：

1."必要功能"信息的表达；

2."辅助功能"信息的表达；

3."附加功能"信息的表达；

4."个性定制"式信息的表达。

○ 12.1.2 集成产生的语意变化：从复杂转变为轻松

集成在很大程度上能够减少用户的精力分散，大大小小的"综合体"成为这类产品新的语言形式。如校园较早实现了信息集成，将图书馆、购物、洗澡、吃饭、乘校内公交等各项功能集中在一起，减少了卡片的管理，这种模式和小米产品将较多的信息管理集成在小爱音箱的做法如出一辙。（图12-2）

同样的道理，我们可以看到虽然银行卡并未实行过多的集成管理，但在同一银行的 App 中，不同卡片进行了统一管理，当用户输入同一个 App 账号密码的时候，不同的银行卡信息都会出现在 App 中，方便了用户进行信息管理。而常用的如 WPS 等办公软件也由原来的三个软件（分别处理文字、表格、演示文档）集成为一个办公软件。

集成在家电设计中也常常能够起到减少用户精力分散的效果，如蒸烤一体机将蒸和烤的功能集合在了一起，方便了用户的使用体验，新的集成产品已经无法使用原有的概念来描述，只能使用新的语言形式来概括它们。（图12-3）

WPS 集成设计

餐卡
图书馆卡
公交卡 → 集成卡
银行卡
门卡
……

图 12-2 集成示意图

图 12-3 蒸烤一体机的集成语言

○ 12.1.3 怎样的语言表达能够减少用户精力耗费，减少心理疲劳和使用疲劳，告诉用户：我用起来很轻松

1. 使用步骤对使用疲劳造成的影响

使用步骤繁琐的产品往往容易让人产生心理疲劳，直接的结果就是会减少用户的使用频率。而使用步骤简单的产品则更受欢迎。如何减少用户的使用步骤，常常是设计过程中十分困难的事情。

小区的蔬菜自助购买柜，在购买的程序设计上采用非常简洁的方式，全程需要的使用步骤：扫码—开门取袋子—选择菜品—关上柜门。除了第一次使用需要加入小程序之外，其他时候根据取菜的多少自动折合成需要付款的数量，并且在关上柜门的那一瞬间通过微信自动扣除，与超市购物相比省去了称重、收银台扫码、付款等步骤，将购物步骤做了最大化减少。对用户而言，每次使用过程的轻松都能够形成一种心理印象，即该产品用起来不麻烦，从而可增加用户使用的频率。同样的道理，使用步骤繁琐的产品会让用户产生一种"使用较累，如果有其他选择，就放弃了"的心理印象，从而减少了用户使用的频率。

在此，使用步骤是一种隐形语言，它通过使用过程的体验间接表达了自己的特性。

2. 搭建基础服务，减少每个环节的疲劳印象，产生"轻松"的符号语意

基础框架的搭建是一种服务型语言，这种方式会让人本能地产生一种轻松感。如售卖电视的时候附送电视墙面安装支撑架，卖鼠标的时候附加一节电池的做法都比单独售卖电视机和鼠标本身要让人感觉轻松很多。心理疲劳表现为一种符号印象，对一些事物的基本描述被抽象成一种符号，人对这些事物的认识通过符号进行理解和概括，在基础服务做得较好的情况下，给人留下的符号印象除了事物本身外还会附加一种"轻松"印象。

一个很常见的例子是如果将办公室的桌子之间的距离摆放得比平时稍微远一些，办公人员工作交流和闲聊的频率会自动下降，这是由于每一次说话过程都多少有些疲劳，逐渐为说话产生一种疲劳感，从而降低了说话次数。桌子之间的距离等同于基础服务，如果希望办公人员有更多的交流，则减少桌子之间的距离，反之，增加桌子之间的距离。

演示文件编辑软件的初始界面提供了一定的基础框架，倘若不喜欢也可以选择其他方式出现在默认增加的页面上。对于喜欢的用户而言，基础框架的搭建产生了一种"贴心""方便"的符号语意。（图 12-4）

图 12-4 初始界面的基础框架

12.2 产品的价格语言与质量语言

产品语意学的关键在于能够让产品和它的购买者或使用者之间建立一种亲切感，这种亲切感是建立在"产品的语言属于该使用者可理解范围"的基础上的。因此，在进行语意设计时，几乎所有的努力都在寻找和塑造一种与购买者或使用者产生共鸣的东西，这种"东西"是一种内在和外在形式共同作用的结果。这犹如我们在茫茫人海中总是愿意选择那些看起来能说上话的人来沟通一样，因为彼此的文化里有共同的东西。因此"共鸣"是设计的关键。我们需要在共鸣中修改我们的设计，让它拥有合适的语言，表达合适的语意。

在寻找共鸣的过程中，我们需要从人本身的特征着手，了解人的文化特性，从而确定产品的语言特性，继而从产品的形态、人们的使用习惯等着手去塑造它，设计出适合人使用的产品，或者适合销售的商品。

○ 12.2.1 语意的购买

对消费者的探究是语意学和设计的每个学科都无法回避的问题。然而人的特性是复杂的，人在选择产品的时候也是复杂的，我们对消费者所要进行的理解和分析只是建立在一定的范围之内的，当然产品的购买者或者使用者也必须是一定范围之内的。从这个角度讲，任何一个产品都不会出现人人接受的局面。只有这样，产品才可能具有有价值的语意，否则，一切都将是无序的，是无法通过规律去探究和一定方法去掌控的。

这里我们侧重分析几种和人的购买心理息息相关的产品的性格语言：一是价格语言与人的购买心理；二是品质语言。

前面我们讨论过产品的性格语言，如气质和表情，我们更多的是从产品形态的角度分析它所折射出来的语言特征。下面我们来分析一下人的购买心理与产品语意的关系。

就购买产品而言，大多数人关注的是产品的价格和质量，以及品牌的信任度和影响力。品牌的语言常常是综合产生的，它不仅和产品的设计与制作效果、使用过程的舒适性有关，也和企业的外在形象、广告宣传等众多因素有关。这是一个大而全的问题，我们在此不做讨论，只从和产品语言相关的人的购买心理角度去做分析和了解。

马扎是我们常见的折叠凳，它给人的印象常常是价格低廉，使用方便，而同样的结构形态经过材质、比例、细节的修改，重新设计成凳子、桌子之后，似乎并未呈现"低价格"语意，反而增加了许多文艺气质。（图12-5、图12-6）

图 12-5 凳子

图 12-6 桌子

○ 12.2.2 价格语意

对价格的关注常常和人的成长经历有关，人们对贵和便宜的理解也存在着许多的偏差，诸如对一些购买者来说，一本书 50 元太贵，但一顿饭花上百元是可以坦然接受的。这是一个很普遍的现象，这是因为每一个产品都在和它同类产品进行价格的比较。这里涉及一个价格接受度的问题，对每一个消费者而言，都有一个心理价位，心理价位常常和产品的外在形象有关，也就是和产品的造型、色彩、材质及易用性有关。即当我们看到一个产品的时候，在得知它的真实价格之前会有一个心理定价，一个看起来很贵，但实际价格低于它的外在价格语意的产品是比较符合人的心理价位的。那些心理价位较低，实际价位却较高的产品常常会被消费者忽略。因此，了解人们怎样进行心理定位就显得十分重要。

下面我们通过一个包装的实验来分析这个问题。

用爱夸的造型和瓶贴让被测试者做一个价格感性判断，发现大多数人将爱夸的造型定价为 4 元以上，原因是瓶形和瓶贴设计都非常简洁有型。而当我们根据大多数售价在一元左右水的瓶贴风格，从"构图、色彩、形式"等方面进行设计的瓶贴贴在爱夸的瓶子上时，大多数人对它的定价则降低到了 1 元钱。（图 12-7、图 12-8）

经过实验我们可以发现，这种奇特的价格语意现象是由瓶贴上的元素和瓶型造成的。经过对 30 名用户的调查发现，以下一些语言元素对价格起到了语意引导作用。

容易提高价格的语言元素有：瓶型简洁，瓶贴图案简洁，瓶贴文字设计精美。

容易拉低价格的语言元素有：传统瓶型，瓶贴图案缺少视觉冲击力，瓶贴文字缺乏设计感。

这样的实验结果虽然具有片面性和不确定性，但可以帮助我们思考价格语意的成因。

价格语言是一种非常重要而特别的语言，它常常和所在行业的产品特性有关系。行业中有些引导品牌会把有些设计元素引导成价格语言。

在设计中如何运用价格语言使设计效果与设计定位很好地吻合是我们常常需要关注的问题。我们需要从以下几个方面着手来表现价格的语意。

1. 简单与复杂

我们可以发现不同的商品存在不同的价格语意，有些产品形态越简单则越昂贵，当然这里的简单不是随意的简单，而是我们通常所说的简约。利用形态之间不同部分的张力关系，创造有视觉冲击力，以及令人感动的造型、色彩、材质，常常可以提升产品的价格语意。

Dior 的包装尽显简约本色，除了标志外，没有任何多余的图案，使人们的目光都聚集在标志上，显得大气高贵（图 12-9）。同样的手法在小米手机的包装中也可以看到，尽管该款产品价格相对经济，但包装的简约大气所呈现的高品质价格语意比实际价格高的时候，总会对销售有利。

图 12-7 爱夸纯净水　　图 12-8 瓶贴实验　　图 12-9 Dior 包装盒

图 12-10 Zippo 打火机把简约和复杂都进行了合理的诠释　　　　图 12-11 瑞士军刀

　　在家具设计中，尤其是古典家具、有雕花等细节的家具给人更贵的感觉，因为消费者都知道雕花等需要手工处理的工艺是非常昂贵的。在这里，复杂这种形态产生的语意是工艺成本和工艺质量，它们提升了价格档次。

　　因此，简单与复杂在不同的产品类别和不同的语境中能够呈现不同的价格语意，这需要设计师能够敏锐地捕捉消费者对产品语意的解读习惯。（图 12-10、图 12-11）

　　2. 材料的价格语意

　　不同材料的价格语意是非常明显的。尽管从材料的角度出发，决定产品价格的主要原因是材料的真实成本，但是不同材料的"外在成本"需要人们通过其语意的特性来判断，这些语意特性可以呈现它的"品种""来源""加工工艺"等直接影响价格的性质。

　　3. 文化的价格语意

　　我们可以发现有些元素本身就带着一定的价格语意指向，或者在特定时期带有一定的价格指向。如许多人对宫廷元素有着昂贵的诠释情节。因此，许多人在选择家庭装修时更愿意选择宫廷风，因为宫廷元素似乎具有人人都可以理解的豪华语意，尽管很多时候会透露出缺少品位的气息，但对产品的商品属性而言，在一定程度上具有能够满足人心理平衡的价格语意。当然这只是一定时期消费者的心理。

　　当下越来越多的人对价格语意的理解呈现丰富性，如简约型家具也逐步走向别墅这种具有高档语意的环境之中。

　　总之，当一个设计是为商品服务的时候，需要合理地控制其语意，使之符合产品的价格。但并非所有的商品都要做出高档的感觉，许多日用消费品需要用价格经济实惠的语意来吸引消费者。倘若把一盒饼干做成奢侈品的感觉，除非把价格标在非常明显的位置，否则人们可能看看其外观，也就把它归类到自己可消费的范围之外了，这是不利于销售的。

12.3　产品的品质语意

○ 12.3.1　细节

　　产品的接缝、转角、抛光度等细节常常可以体现其工艺，而工艺是否精湛等于产品在告诉消费者自己是否具有高品质，我们很难想象一个高级轿车不同模块之间有着巨大的缝隙。那样即使具有再强大的发动机和内部空间，我们也无法将它和高品质联系起来，因为缝隙本身也是一种语言，一种表达了粗陋语意的语言，它破坏了我们对高品质的理解。同样，一个转角与产品形态是否自然吻合，表面抛光是否恰到好处，这些因素都在诉说着一种品质语言。这犹如一个面容姣好的人需要有光滑的皮肤和比例恰当的脖子一样重要。

○ 12.3.2 质感与手感

质感与手感直接关系到使用者的体验，其造成的视触觉形成了一种无声的语言，在诉说着产品的品质。

质感与手感是产品的"视触觉"和"触觉"特性共同带给用户的语意信息。在某类产品中，人们会在内心把某些质感符号定义为高端、大众、舒适、轻松等感受，当一种质感大概的印象被人对号入座后，它的语意也就诞生了，当然这是一种视觉心理判断。真正的触觉感受最后会被诠释成一种符号，一种触觉体验结果的语意印象。

触觉对产品品质的影响是显而易见的，因为触觉语意背后指涉的是做工工艺与材料质量。因此，它关乎产品的价值。

图 12-12 是苹果公司的一个遥控器，其界面采用了两种抛光度的平面组合：高亮与亚光效果，这两种效果所呈现的触感与视觉感受都是不同的，和谐中形成的对比使遥控器顿生许多灵气，提升了产品的品质感。

思考题：

选取实际价格相近的同类产品，分析它们的价格语意。

练习题：

选取你熟悉的产品，根据当下消费者的消费心理特征，从调整价格语意的角度对其进行设计修改。

图 12-12 苹果遥控器

参考文献
REFERENCE

[1]程能林.工业设计概论[M].北京: 机械工业出版社，2000.

[2]保罗·泽兰斯基，玛丽·帕特·费希尔.三维创造动力学[M].潘耀昌，等，译.上海: 上海人民美术出版社，2005.

[3]张凌浩.产品的语意（第二版）[M].北京: 中国建筑工业出版社，2009.

[4]吕太锋，郭佩艳.具有行为激发特性的产品暗示性语意研究[J].包装工程.2017（20）: 163-168.

[5]吕太锋，张立.从产品表情与气质设计的角度进行产品语意的表达[J].艺术与设计（理论）.2007（9）: 159-161.

[6]唐纳德·A.诺曼.情感化设计[M].付秋芳，程进三，译.北京: 电子工业出版社，2005.

[7]黑川雅之.素材与身体[M].吴俊伸，译.石家庄: 河北美术出版社，2013.

[8]诺曼.设计心理学4[M].小柯，译.北京: 中信出版集团，2015.